北京工业大学本科重点建设教材（ID：KT2021NE017）

案例式Java语言程序设计

徐　硕◎编著

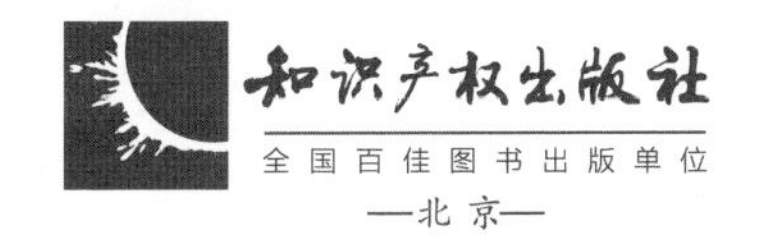

图书在版编目（CIP）数据

案例式 Java 语言程序设计/徐硕编著. —北京：知识产权出版社，2024. 10. —ISBN 978-7-5130-9523-5

Ⅰ. TP312. 8

中国国家版本馆 CIP 数据核字第 2024L7X854 号

责任编辑：王海霞　　**责任校对：**王　岩

封面设计：邵建文　马倬麟　　**责任印制：**刘译文

案例式 Java 语言程序设计

徐硕　编著

出版发行：知识产权出版社有限责任公司　　**网　　址：**http://www.ipph.cn

社　　址：北京市海淀区气象路 50 号院　　**邮　　编：**100081

责编电话：010-82000860 转 8790　　**责编邮箱：**9376063@qq.com

发行电话：010-82000860 转 8101/8102　　**发行传真：**010-82000893/82005070/82000270

印　　刷：天津嘉恒印务有限公司　　**经　　销：**新华书店、各大网上书店及相关专业书店

开　　本：720mm×1000mm　1/16　　**印　　张：**19. 5

版　　次：2024 年 10 月第 1 版　　**印　　次：**2024 年 10 月第 1 次印刷

字　　数：318 千字　　**定　　价：**98. 00 元

ISBN 978-7-5130-9523-5

前言

FOREWORD

Java 作为数智时代的通行语言，已经成为许多项目的首选语言，Storm、Kafka、Spark 以及许多大语言模型（LLM）都可以在 Java 虚拟机（JVM）上平稳运行。因此，“Java 语言”作为信息管理与信息系统、大数据管理与应用、计算机科学与技术等专业的学科基础课程，在教学改革中担负着本科人才赋能大数据分析的重要使命，这对该课程在不同的点或面上展示价值塑造、能力培养和知识传授三位一体的育人目标提出了更高要求。

本书通过对小型专利文献大数据分析平台的剖析，将整个平台分解为多个模块，根据每个模块所涉及的知识点将其嵌入相应章节中。本书聚焦于课程案例实训的具体过程和方法，突出寓价值观引导于 Java 语言编程知识传授和大数据分析能力培养之中的特点。随着每个章节教学活动的开展，完成相应模块的代码编写，在课程教学结束后，学生将能够像搭积木一样完成小型信息系统的开发。通过完整的案例将 Java 语言的基本特征、面向对象特征以及 Java 语言的高级特征有机融合在一起，形成 Java 语言的核心知识体系，让相关专业的学生快速掌握 Java 语言的基本思想和基本技能，培养学生正确应用面向对象的思维方法分析问题和解决问题的能力。同时，为了强化学生对所学 Java 语言知识的理解和灵活运用，每章均会附一定数量的编程作业习题。案例式 Java 语言程序设计使学生所学理论知识不再是无源之水、无本之木，可以极大地激发其学习兴趣与热情。

全书共分 10 章。第 1 章绪论介绍 Java 语言的特点和 JVM 的体系结构，第 2 章为 Java 语言基础，第 3 章为类与对象，第 4 章为封装、继承与多态，第 5 章为数组与字符串，第 6 章为集合类（List、Set 和 Map 接口），第 7 章和第 8

章分别为初级和高级图形用户界面设计，第 9 章为异常处理，第 10 章为输入与输出。全书内容涵盖了 Java 语言的基本特征（数据类型、数据与字符串、基本数据处理、数据输入/输出以及图形用户界面等）、面向对象特征（面向对象的基本概念与思想，类与对象，封装、继承与多态，抽象类与接口等）以及高级特征（集合类、异常处理，以及输入/输出等）。

在本书的编写过程中，笔者参考了许多相关书籍和网站，得到了许多同仁和同事的支持与帮助，在此一并表示感谢。首先，感谢支持和参与本课程教学的北京工业大学的学生们，正是他们活跃的思维和永无止境的求知欲激励笔者将自编讲义和课件整理成书，鞭策笔者不断改进与完善书稿。其次，特别感谢北京工业大学对本科教材建设的重视，本书有幸获得北京工业大学本科重点建设教材课题（ID：KT2021NE017）和 2021 年度北京高等教育本科教学改革创新项目的资助。此外，还要衷心感谢知识产权出版社编辑的认真审阅。正是由于他们的大力支持，才使得本书与广大读者见面。

尽管书稿几经修改，但由于作者水平所限，书中难免有疏漏之处，热诚地欢迎各位同行和广大读者批评指正。

目录
CONTENTS

插图目录

表格目录

第 1 章 绪 论

Java 是美国加州 Sun Microsystems 公司[①]（以下简称“Sun 公司”）于 1995 年 5 月推出的 Java 程序设计语言和 Java 平台的总称。Java 语言是一种面向对象（Object-Oriented，OO）的程序设计语言，一经推出便受到了计算机界的普遍欢迎和接受，并得到了广泛的应用和发展，逐渐成为重要的网络编程语言。

面向对象编程（Object-Oriented Programming，OOP）是现代编程中最为流行的一种范式，它通过模拟现实世界中的对象和关系，使程序设计更加自然和直观。所有面向对象的程序设计语言都支持对象、类、消息、封装、继承、多态等诸多概念，而这些概念是在软件开发、程序设计发展的过程中逐渐被提出的。因此，要弄清面向对象编程及其相关概念，首先要了解程序设计语言的发展历程。

1.1 编程语言的发展

自从 1946 年第一台电子计算机（Electronic Numerical Integrator And Computer，ENIAC）问世以来，人类一直在探索自然语言与计算机语言之间的映射问题，希望把用自然语言表达的内容转换成计算机能够理解的语言形式，这便是编程语言或程序设计语言。然而，作为一种机器，电子计算机能够理

① 该公司已于 2009 年 4 月被甲骨文公司收购。

解和执行的编程语言和自然语言之间存在较大的差异，这种差异被称作“语言鸿沟（language gap）”。这一鸿沟虽不可彻底消除，但可以使其逐渐变窄。事实上，从计算机问世至今，随着各种编程语言的发展变迁，这一鸿沟在逐渐缩小，图 1-1 展示了从机器语言发展到面向对象的语言使“语言鸿沟”变窄的过程。

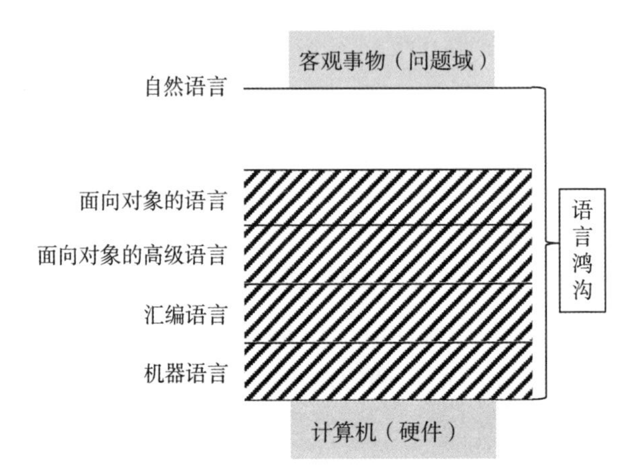

图 1-1　计算机语言与自然语言之间的鸿沟变化

1.1.1　机器语言

电子计算机主要由电子元器件构成，最容易表达的是电流的通/断或电位的高/低两种状态。因此，在电子计算机问世之初，人们首先想到的是用“0”和“1”两种符号来代表电路的通/断或电位的高/低两种状态，这便是最早的编程语言——机器语言（machine language）。

机器语言是计算机能够理解并直接执行的唯一语言，整个语言只包含“0”和“1”两种符号。用机器语言编写的程序，无论是其指令、数据还是存储地址，都是由二进制的“0”和“1”组成的，代码示例如图 1-2 所示。这种语言离计算机最近，机器能够直接执行它。然而，由“0”和“1”组成的二进制串没有形象意义，“语言鸿沟”最宽，所以用机器语言编写程序的效率最低，并且很容易发生错误。

指令部分的示例
0000 代表 加载（LOAD）
0001 代表 存储（STORE）

……

暂存器部分的示例
0000 代表暂存器 A
0001 代表暂存器 B

……

存储器部分的示例
000000000000 代表地址为 0 的存储器
000000000001 代表地址为 1 的存储器
000000010000 代表地址为 16 的存储器
100000000000 代表地址为 2^11 的存储器
集成示例
0000,0000,000000010000 代表 LOAD A, 16
0000,0001,000000000001 代表 LOAD B, 1
0001,0001,000000010000 代表 STORE B, 16
0001,0001,000000000001 代表 STORE B, 1

图 1-2　机器语言代码示例

1.1.2　汇编语言

为了克服机器语言的缺陷，人们设想用一些易于理解和记忆的符号来代替二进制码，这便是汇编语言（assembly language）。汇编语言用符号构成程序，而这些符号表示指令、数据、寄存器、地址等物理概念，代码示例如图 1-3 所示。但是，在使用汇编语言编写程序时，编程人员依然需要考虑寄存器等大量的机器细节，即汇编语言仍然是一种与具体机器硬件紧密相关的语言，是一种面向机器的语言，因此，也被称为符号化的机器语言。

```
CODE        SEGMENT
             ASSUME    CS:CODE
START:        MOV       AH,1           ;输入一个个位数 N
              INT       21H
              CMP       AL,30H
              JC        START          ;小于 0,要求重新输入
              CMP       AL,3AH
             JNC       START          ;大于 9,要求重新输入
              AND       AL,0FH
              XOR       CX,CX          ;CX 清 0
              MOV       CL,AL          ;循环响铃 N 次
              MOV       DL,07H         ;响铃的 ASCII 码为 07
          AA1:MOV       AH,2
              INT       21H
              LOOP      AA1            ;循环响铃
              MOV       AH,4CH
              INT       21H
              CODE ENDS
              END       START
```

图 1-3　汇编语言代码示例

1.1.3　面向过程的编程语言

机器语言和汇编语言离不开具体的机器指令系统，程序员必须熟悉所用计算机的硬件特性，因而编写程序的技术复杂、效率低下，且可维护性和可移植性都很差。为了摆脱编程语言对机器的依赖，1956 年推出了一种与具体机器指令系统无关的计算语言——FORTRAN 语言。这种语言采用了具有一定含义的数据命名方式和易于理解的执行语句，屏蔽了底层机器细节，便于人们联系到程序所描述的具体事物。所以，人们把这种“与具体机器指令系统无关，表达方法接近自然语言”的计算机语言称为高级语言。

此后，高级语言进一步向体现客观事物的结构和逻辑方向发展，结构化数据、结构化语句、数据抽象、过程抽象等概念相继被提出，以 1970 年的 Pascal 语言和 1972 年的 C 语言为结构化程序设计的代表。在结构化程序设计中，尼古拉斯・沃斯（Niklaus Wirth）教授将程序概括为：程序＝数据结构+算法，其中数据结构是指利用计算机的离散逻辑来量化表达需要解决的问题，而算法则是研究如何高效解决问题的具体过程。可见，结构化程序设计语言是一种面向数据/过程的语言，因此被称为面向过程的语言。

面向过程的语言通常将数据和操作分离开来，使数据和操作难以有效组织成与问题域中的具体事物相对应的程序成分。人们在编写编程时，需要时刻考虑所要处理问题的数据结构，如果数据结构发生了变化，对处理这些数据的算法也要做相应的修改，甚至完全重写，因而其代码重用性较差。为此，面向对象的编程语言应运而生。

1.1.4　面向对象的编程语言

面向对象的编程语言是一种通过对象把现实世界模拟到计算机模型中的编程方法，它把程序描述为：程序=对象+消息。面向对象的语言对现实世界的模拟体现在以下几个方面。

1. 对象（object）

客观世界是由具体事物构成的，每个事物都具有一组静态特征（属性）和一组动态特征（行为）。例如，一辆汽车具有颜色、品牌、马力、生产厂家等静态特征，又具有行驶、转弯、停车等动态特征。要把客观世界的具体事物映射到面向对象的程序设计语言中，则需把具体事物抽象成对象，用一组数据描述该对象的静态特征，用一组方法来刻画该对象的动态特征。

2. 类（class）

客观世界中的事物既有其特殊性，又有其共性，人类认识客观世界的"还原论"思维方式就是根据共性将事物归结为不同的类，如所有汽车都具有颜色、品牌、马力、生产厂家等特征，都可以行驶、转弯、停车等。因此，面向对象的编程语言很自然地用类来表征这一组具有相同属性和方法的对象。

3. 继承（inheritance）

在同一类事物中，每个事物既具有同类的共同性，又具有自己的特殊性。面向对象的编程语言用父类和子类的概念来描述这一事实。在父类中描述事物的共性，通过父类派生（derive）子类的机制来体现事物的特殊性。

4. 封装（encapsulation）

客观世界中每个具体事物是一个独立的存在，它的许多内部实现细节是外部所不关心的。例如，一个驾驶人并不关心其驾驶的汽车内部用了多少颗螺钉或多少个零件，以及它们是怎样组装在一起的。面向对象的编程语言用封装机制把每个对象的属性和方法结合为一个整体，屏蔽了对象的内部实现细节。

5. 关联（association）

客观世界中的许多事物之间可能存在某种行为上的联系。例如，一辆行驶中的汽车遇到红色信号灯时要制动停止，面向对象的编程语言通过消息来体现对象之间的关联。

1.1.5 面向对象的编程语言的发展历程

1967年由挪威计算中心开发的Simula 67语言引入了类的概念和继承机制，被认为是面向对象语言的鼻祖。20世纪70年代出现的CLU（1974年）、Ada（1979年）和Modula-2（1979年）等编程语言对抽象数据类型理论的发展起到重要作用，这些语言支持数据与操作的封装。1980年的Smalltalk-80是第一个完善的、能够实际应用的面向对象的编程语言，它强调对象概念的统一，并引入和完善了类、方法、实例等概念，应用了继承机制和动态链接，被认为是最纯粹的面向对象的编程语言之一。

20世纪80—90年代是面向对象编程语言走向繁荣的阶段，主要表现是大批比较实用的编程语言的涌现，如C++（1979年）、Objective-C（1983年）、Object Pascal（1985年）、Eiffel（1985年）、Java（1995年）以及OO COBOL（1997年）等。

综观所有面向对象的编程语言，可以把它们分为两大类：①纯粹的面向对象编程语言，如Smalltalk-80、Java。在这类语言中，几乎所有的语言成分都是“对象”，这类语言强调的是开发快速原型的能力。②混合型的面向对象编程语言，如C++、Object Pascal，这类语言是在面向过程的编程语言中加入了面向对象的语言要素，它们强调的是运行效率。

1.1.6 编程语言的流行度

图1-4和图1-5分别给了按TIOBE（The Importance of Being Earnest）指数和PYPL（PopularitY of Programming Language）指数排名前15的编程语言，可以看出Java语言分别处于第4名和第2名，可以从一定程度上反映人们对Java语言的普遍欢迎和接受程度。

Aug 2024	Aug 2023	Change	Programming Language	Ratings	Change
1	1		Python	18.04%	+4.71%
2	3	↑	C++	10.04%	-0.59%
3	2	↓	C	9.17%	-2.24%
4	4		Java	9.16%	-1.16%
5	5		C#	6.39%	-0.65%
6	6		JavaScript	3.91%	+0.62%
7	8	↑	SQL	2.21%	+0.68%
8	7	↓	Visual Basic	2.18%	-0.45%
9	12	↑	Go	2.03%	+0.87%
10	14	↑↑	Fortran	1.79%	+0.75%
11	13	↑	MATLAB	1.72%	+0.67%
12	23	↑↑	Delphi/Object Pascal	1.63%	+0.83%
13	10	↓	PHP	1.46%	+0.19%
14	19	↑↑	Rust	1.28%	+0.39%
15	17	↑	Ruby	1.28%	+0.37%

图 1-4　按 TIOBE 指数排名前 15 的编程语言

来源：https: //www. tiobe. com/tiobe-index/.

Worldwide, Feb 2023 compared to a year ago:

Rank	Change	Language	Share	Trend
1		Python	27.7 %	-0.7 %
2		Java	16.79 %	-1.3 %
3		JavaScript	9.65 %	+0.6 %
4	↑	C#	6.97 %	-0.5 %
5	↓	C/C++	6.87 %	-0.6 %
6		PHP	5.23 %	-0.8 %
7		R	4.11 %	-0.1 %
8	↑↑	TypeScript	2.83 %	+0.8 %
9		Swift	2.27 %	+0.3 %
10	↓↓	Objective-C	2.25 %	-0.1 %
11	↑↑	Go	1.95 %	+0.7 %
12	↑↑	Rust	1.91 %	+0.9 %
13	↓	Kotlin	1.85 %	+0.2 %
14	↓↓↓	Matlab	1.71 %	-0.1 %
15	↑	Ruby	1.11 %	+0.3 %

（a）2023 年

Worldwide, Feb 2024 :

Rank	Change	Language	Share	1-year trend
1		Python	28.11 %	+0.6 %
2		Java	15.52 %	-1.0 %
3		JavaScript	8.57 %	-1.0 %
4	↑	C/C++	6.92 %	+0.1 %
5	↓	C#	6.73 %	-0.1 %
6	↑	R	4.75 %	+0.7 %
7	↓	PHP	4.57 %	-0.6 %
8		TypeScript	2.78 %	-0.0 %
9		Swift	2.75 %	+0.5 %
10		Objective-C	2.37 %	+0.1 %
11		Rust	2.23 %	+0.3 %
12		Go	2.04 %	+0.1 %
13		Kotlin	1.75 %	-0.1 %
14		Matlab	1.64 %	-0.1 %
15	↑↑	Ada	1.08 %	+0.2 %

（b）2024 年

图 1-5　按 PYPL 指数排名前 15 的编程语言

来源：http: //pypl. github. io/PYPL. html.

1.2 编程语言Java

1.2.1 Java 语言的产生

1991 年年初，美国加州的 Sun 公司成立了一个以詹姆士·高斯林（James Gosling）为首、名为 Green 的项目研发团队，目标是开发一款面向家用电器市场的软件产品，实现对家用电器的集成控制。考虑到家用电器平台的多样化，Green 团队期望这个产品具有平台独立性，即让该软件能够在任何 CPU 上运行。为此，Green 团队首先从改写 C++语言的编译器着手，但是他们很快意识到这个产品还必须具有高度的简洁性和安全性，而 C++在这方面显然无法胜任。因此，Green 团队决定自行开发一种新的语言，并将该语言命名为 Oak（橡树），所研发的产品被命名为 Star-Seven。

Star-Seven 是一个集成了 Oak、Green OS（一种操作系统）、用户接口模块和硬件模块的设备，类似于个人数字助理（Personal Digital Assistant，PDA）。Star-Seven 的第一个原型于 1992 年 8 月问世，尽管这个原型非常成功，但其在竞争激烈的家电市场上却输给了竞争对手。

有心栽花花不开，无心插柳柳成荫。有趣的是，在这段时间里，互联网（Internet）的发展却如日中天。1993 年 7 月，伊利诺斯大学的国家超级计算应用中心（National Center for Supercomputing Applications，NCSA）推出了一个在互联网上广为流行的浏览器 Mosaic 1.0。这时的互联网页面虽然内容丰富，声、图、文并茂，但都是静态的。若想增强页面的动感，解决方案是嵌入一种既安全可靠，又非常简练的语言。Oak 完全能满足上述要求，但要将它推向市场，被人们所广泛接受，则归功于 Sun 公司创始人之一比尔·乔伊（Bill Joy）的介入。

乔伊曾参与过 UNIX 的开发，深知网络对 UNIX 的推广所起的作用。因此，他不仅指定高斯林继续完善 Oak（发布时改名为 Java），同时要求诺顿（Naughton）用 Oak 编写一个真正的应用程序——WebRunner，也就是后来被命名为 HotJava 的浏览器。1994 年年底，两个团队均出色地完成了各自的任务。这时，在这个产品的发布问题上，乔伊力排众议，采取了“让用户免费使用来占领市场份额”的策略，促成了 Java 与 HotJava 于 1995 年年初在互联网上的免费发布。由于 Java 确实是一种分布式、安全性高、内部包含编译器且非常小的适合网络开发环境的语言，因而其一经发布，便立即得到包括 NetScape 公司在内的各互联网厂商的广泛支持。

据说 Java 名称的灵感来自这样一个故事：研发小组的成员经常在公司附近的一家咖啡厅喝咖啡，而咖啡的原产地是 Java（爪哇），于是就将其命名为 Java。

1.2.2　Java 语言的特点

Sun 公司在“Java 白皮书”中对 Java 的定义是：“Java：A simple，objected - oriented，distributed，interpreted，robust，secure，architecture - neural，portable，high-performance，multi-threaded，and dynamic language.”按照这个定义，Java 是一种具有“简单、面向对象的、分布式、解释型、健壮性、安全性、与体系结构无关、可移植性、高性能、多线程和动态执行”等特性的语言。

1. 简单性

Green 团队在设计 Java 语言之初，是从改写 C++编译器入手的，这就使 Java 语言具有了以下特点：语言风格类似于 C++语言，保留了 C++语言的优点；摈弃了 C++语言不安全且容易引发错误的指针；消除了 C++语言中可能给软件开发、实现和维护带来麻烦的地方，如操作符重载、多重继承和数据类型自动转换等；简化了内存管理，Java 语言提供了 C++语言中不具备的自动内存垃圾收集机制，大大减轻了编程人员在内存管理方面的负担。

Java 的简单性是以增加运行时系统的复杂性为代价的。以内存管理为例，自动内存垃圾处理减轻了编程人员的负担，但 Java 程序运行时系统必须内嵌一个内存管理模型。虽然如此，对编程人员而言，Java 语言的简单性可以使学习曲线更趋于合理化，能加快软件开发进度，减少程序出错的可能性。

2. 面向对象的

Java 语言是纯面向对象的，它不像 C++那样既支持面向对象的编程，又支持面向过程的编程。面向过程的编程语言把程序概括为：程序=数据结构+算法，而面向对象的编程语言把程序概括为：程序=对象+消息。在面向对象的编程语言中，可以把现实世界中的任何实体都看作对象，对象其实就是现实世界模型的一个自然延伸。现实世界中的对象均具有属性和行为，映射到计算机程序上，属性用数据表示，行为用程序代码实现。可见，对象实际上就是数据和算法（程序代码）的封装体，它把代码和数据结合在一起。

Java 语言是纯面向对象的，它的设计集中于对象及其接口，提供了简单的类机制以及动态的接口模型。对象中封装了它的属性和行为，实现了模块化和信息隐藏；而类则提供了一类对象的原型，并且通过继承机制，子类可以使用父类所提供的属性和行为，实现了代码的复用。

3. 可移植性（平台无关性）

程序的可移植性指的是程序不经修改就能在不同硬件或软件平台上运行的特性，即“一次编写，到处运行”的特性。可移植性分为两个层次：源代码级可移植性和二进制代码级可移植性。C 语言和 C++语言具有一定程度的源代码级可移植性，其源程序要想在不同的平台上运行，必须重新编译。而 Java 语言不仅是源代码级可移植的，甚至编译之后形成的二进制代码（字节码）也是可移植的。Java 语言主要通过以下两种机制来保证可移植性：

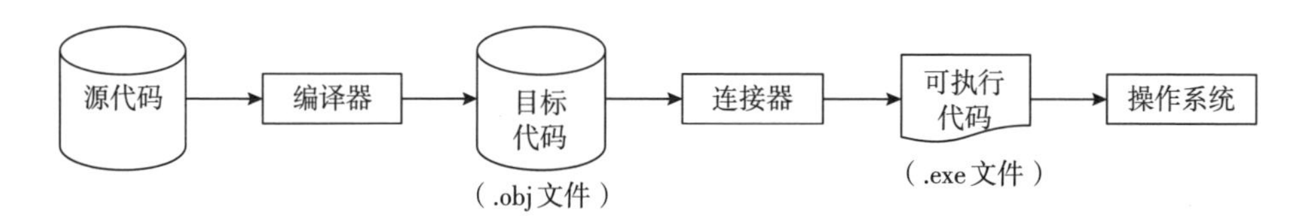

（a）传统语言程序的运行机制

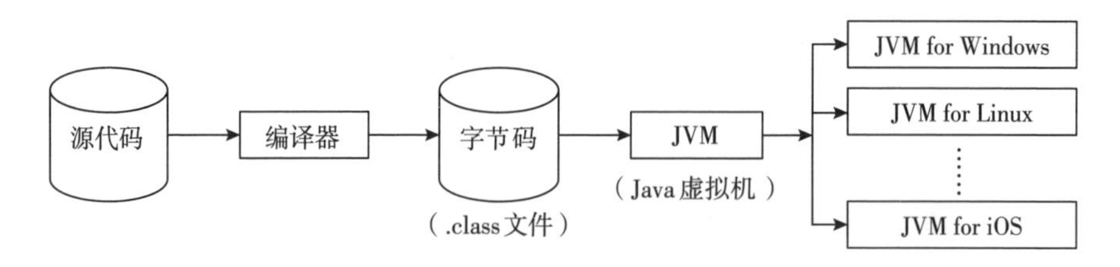

（b）Java 语言程序的运行机制

图 1-6　传统语言与 Java 语言程序的运行机制

第一，Java 语言既是编译型的，又是解释型的。图 1-6（a）所示是传统语言程序的运行机制，源程序经过编译生成的目标代码（. obj 文件）是为在某个特定的操作系统上运行而产生的，该文件中包含了对应处理机的机器代码，所以不能移植到其他的操作系统上运行。图 1-6（b）所示是 Java 语言程序的运行机制，源程序经过编译生成的字节码代码（.class 文件）是在 JVM 平台上运行的，而不是直接在操作系统上运行的。JVM 在任何平台上都提供给编译程序一个共同的接口，编译程序只需要面向 JVM，生成 JVM 能够理解的字节码，然后由 JVM 的解释器负责执行即可。JVM 把字节码代码与具体软/硬件平台分隔开来，保证了字节码的可移植性。

第二，Java 采用基于国际 IEEE 标准的数据类型。Java 语言的数据类型在任何机器上都是一致的，它不支持特定于具体硬件环境的数据类型。Java 语言还规定同一种数据类型在所有编程环境中必须占据相同的空间大小，而 C++ 语言的数据类型在不同的硬件环境或操作系统中占据的内存空间是不同的。通过在数据类型的空间大小方面采用统一标准，Java 语言保证了其程序的平台独立性。

4. 高性能

可移植性、稳定性和安全性常是以牺牲性能为代价的，解释型语言的执行速度一般低于直接执行源码的速度，但是 Java 语言所采取的以下措施很好地弥补了这些性能差距。

第一，高效的字节码。Java 字节码格式的设计充分考虑了性能因素，其字节码的格式非常简单，这使得经由 Java 解释器解释执行后可产生高效的机器码。

第二，多线程。C 语言和 C++语言采用的是单线程体系结构，均未提供对多线程的语言级支持，Java 语言却提供了完全意义的多线程支持。Java 语言的多线程支持体现在以下两个方面：①Java 语言环境本身就是多线程的，它可以利用系统的空闲时间来执行必要的垃圾清除和一般性的系统维护等操作；②Java 语言还提供了对多线程的语言级支持，利用 Java 语言的多线程编程接口，编程人员可以很方便地编写出支持多线程的应用程序，提高程序的执行效率。

第三，及时编译和嵌入 C 代码。及时编译是指在运行时把字节码编译成机器码，这意味着代码仍然是可移植的，但在开始时会有编译字节码的延迟过程。嵌入 C 代码在运行速度方面是最理想的，但会给编程人员带来额外的负担，同时将降低代码的可移植性。

5. 分布式

分布式的概念包括数据分布和操作分布两个方面。数据分布是指数据可以分散存放于网络上不同的主机中，以解决海量数据的存储问题；操作分布则是指把计算分散到不同的主机上进行处理。

Java 语言拥有大量的 TCP/IP 协议的运行库，这使得在 Java 语言中比在 C 语言或 C++语言中更容易建立网络连接。对于数据分布，Java 语言程序可以利用 URL 通过网络开启和存取对象，就如同存取本地文件系统一样简单。对于操作分布，使用 Java 语言的客户机/服务器模式（C/S）可以把计算从服务端分散到客户端，从而提高整个系统的执行效率，避免瓶颈制约，提升动态可扩充性。

6. 动态特性

许多面向对象的编程语言在系统设计和编程阶段都充分体现 OO 思想，却很难将其延伸到系统运行和维护阶段，主要是因为多数语言都采用静态链接机制。一个系统通常由多个模块组成，若采用静态链接机制，则在编译时就会将系统的各模块和类链接组合成一个整体，即一个目标文件。如果对某个类进行了修改，则整个系统就必须重新编译，这对大型分布式系统的修改、维护或升级是不利的。

Java 语言采用“滞后联编”机制，即动态链接机制，将 OO 特点延伸到系统的运行阶段。Java 程序的基本组成单位是类，多个类组成的系统在编译时，每个类被分别编译成字节码文件。一个系统由若干个字节码文件组成，使系统的类模块性得以保留。在系统运行时，字节码文件按照程序运行的需要而动态装载。因此，如果一个系统中修改了某个类，只需要对此类重新编译，而系统中的其他类不必重新编译，这就保证了系统在运行阶段可以动态地进行类或类库的修改或升级，使得 Java 程序能够适应不断变化的运行环境。

7. 健壮性和安全性

Java 语言提供了一系列安全检查机制，使 Java 程序更具健壮性和安全性。Java 的安全检查机制分为多级，主要包括 Java 语言本身的安全性设计，以及严格的编译检查、运行检查和网络接口级的安全检查等。

第一，Java 语言本身的安全性设计。Java 语言去掉了 C++语言中操作符重载、多继承、窄化类型转换、指针运算、结构体或联合、需要释放内存等功能，而提供了数组下标越界检查机制、异常处理机制、自动垃圾收集机制等，使 Java 语言功能更精练、更健壮。

第二，编译检查。Java 编译器对所有的表达式和参数都要进行类型相容性的检查，以确保类型是兼容的。在编译时，Java 会指出可能出现但未被处理的例外，帮助程序员正确处理以防止系统崩溃。另外，Java 在编译时还可捕获类型声明中的许多常见错误，防止动态运行时不匹配问题的出现。在编译期间，Java 编译器并不分配内存，而是推迟到运行时由解释器决定，这样就无法通过指针来非法访问内存。

第三，运行检查。在运行期间，Java 的运行环境提供了字节码检验器、运行时内存布局、类装载器（class loader）和文件访问限制四级安全保障机制。

第四，网络接口级的安全检查。在网络接口级，用户可按自己的需要来设置网络访问权限。

1.3　Java 程序的集成开发环境

目前有许多为快速开发 Java 程序提供的集成开发环境（IDE），它们将编辑、编译、构造、调试和在线帮助集成在一个用户图形界面中，有效地提高了编程速度，如 Oracle 公司的 NetBeans、Boarland 公司的 JBuilder、Eclipse 联盟的 Eclipse 等。

Eclipse 是一个开放源代码的、基于 Java 的可扩展开发平台，最初主要用于 Java 程序开发，但现在已经扩展到支持多种编程语言，如 C、C++、Python 等，其具有以下优点。

（1）强大的功能：提供了全面的开发工具，包括代码编辑、调试、编译、项目管理等，几乎涵盖了软件开发的所有环节。

（2）可扩展性：通过插件机制，可以轻松添加新的功能和支持新的编程语言。这使得 Eclipse 能够适应不同项目和开发者的需求。

（3）开源和免费：这使得开发者可以自由地使用、修改和分享，促进了技术的交流和发展。

（4）跨平台性：可以在 Windows、Mac 和 Linux 等多种操作系统上运行，为开发者提供了更大的灵活性。

（5）丰富的社区支持：拥有庞大的用户群体和活跃的社区，开发者可以在社区中获得大量的资源、教程和技术支持。

（6）高效的代码编辑：具有智能代码提示、自动完成、语法高亮等功能，提高了代码编写的效率和准确性。

（7）强大的调试功能：支持设置断点、单步执行、查看变量值等调试操作，帮助开发者快速定位和解决问题。

（8）版本控制集成：可以方便地与各种版本控制系统（如 Git、SVN 等）集成，便于团队协作和代码管理。

总之，Eclipse 作为一个强大的集成开发环境，以其丰富的功能、可扩展性和良好的社区支持，成为众多开发者的首选工具之一。无论是新手还是经验丰富的开发者，都可以在 Eclipse 中找到适合自己的开发方式和工具，提高开发效率和质量。

在实际应用中，开发者可以根据自己的需求和偏好，结合其他工具和技术，充分发挥 Eclipse 的优势，打造高效、高质量的软件开发环境。同时，不断学习和探索新的开发工具和技术，也是保持竞争力和不断提升自身技术水平的重要途径。

1.4 Java 虚拟机

一个由 Java 语言编写的源程序，经过 Java 编译器编译，生成 Java 虚拟机（JVM）上的字节码，再由 JVM 上的执行引擎（解释器）执行，并产生执行结果。JVM 是可以运行 Java 字节码的假想计算机，是 Java 面向网络的核心，支持 Java 面向网络体系结构三大支柱（平台无关性、安全性和网络移动性）的所有方面。其主要任务是装载.class 文件并执行其中的字节码。JVM 的内部体系结构如图 1-7 所示，主要分为三个部分：类装载器子系统、运行时数据区和执行引擎。

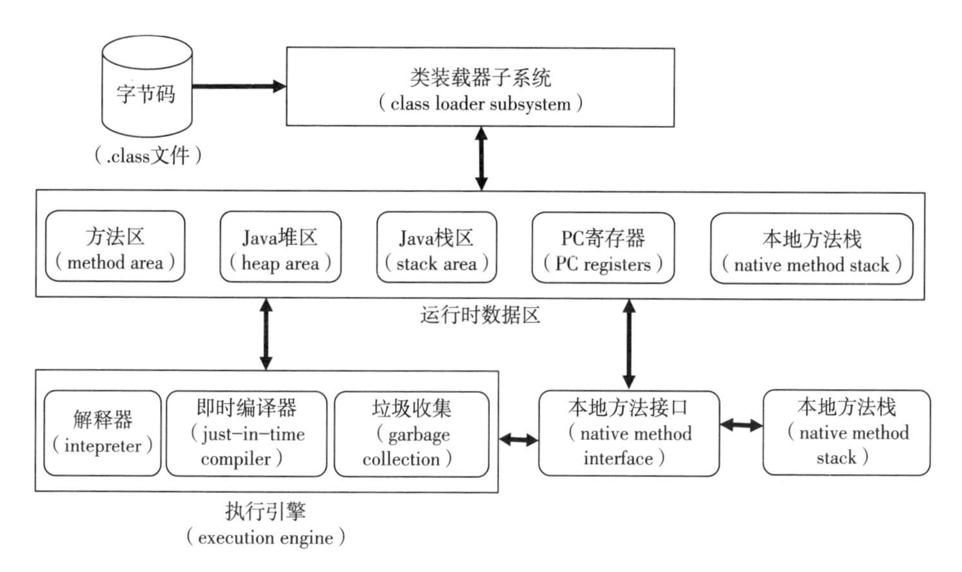

图 1-7　JVM 的内部体系结构

（1）类装载器子系统（class loader subsystem）：负责装载所有由用户编写生成的. class 文件以及这些. class 文件引用的 JDK API。

（2）运行时数据区：主要包括方法区（method area）、Java 堆区（heap area）、Java 栈区（stack area）、PC 寄存器（PC registers）、本地方法栈（native method stack）等。

每个 JVM 实例都有一个方法区和 Java 堆区。方法区主要存放类装载器加载的. class 文件、类的静态变量。Java 堆区主要存放所有程序在运行时创建的对象或数组。方法区和 Java 堆区由所有线程共享。

每个线程都有自己的 PC 寄存器和 Java 栈区。PC 寄存器的值指示下一条将执行的指令。Java 栈区记录存储该线程中 Java 方法调用的状态。每启动一个新线程，JVM 都会创建一个新的 Java 栈区，用于保存线程的运行状态，包括局部变量、参数、返回值、运算的中间结果等。

（3）执行引擎（execution engine）：负责将字节码翻译成适用于本地机系统的机器码，然后送硬件执行。

当启动一个 Java 程序时，就会产生一个 JVM 实例。该程序关闭后，这个 JVM 实例也就随之消亡。每个 Java 程序都运行在自己的 JVM 实例中。JVM 实例通过调用某个初始类的 main( ) 方法来运行一个 Java 程序。main( ) 方法是该程序初始线程的起点，任何其他线程都是由这个初始线程启动的。

本章习题

1. 安装、部署 Java 开发环境，包括 JDK 和 Eclipse 集成开发环境。
2. 编写、编译及运行 Java 程序。

第 2 章 Java 语言基础

※ 熟悉 Java 语言的标识符。
※ 知道 Java 语言的特殊符号。
※ 理解 Java 语言中各数据类型的存储和使用方法（重点）。
※ 整型存储（难点）。
※ 掌握表达式和运算符的使用方法（重点）。
※ 掌握移位运算符、位运算符的使用方法（难点）。
※ 掌握 for，while，do-while 和 break，continue 语句（重点）。

2.1 Java 基本语法

2.1.1 标识符

在 Java 编程语言中，对程序中的成分（变量、常量、方法、类和接口等）进行唯一标识，命名时使用的命名记号称为标识符（identifier），包括变量名、常量名、方法名、类名、接口名、包名等。

1. 标识符的命名规则

（1）标识符必须以字母、下划线“_”或“$”开头。

（2）标识符由字母、下划线“_”、“$”和数字组成。

（3）标识符的长度没有限制，但在实际命名时长度不宜过长。

（4）不能使用 Java 的关键字（keyword）或保留字作为标识符。

（5）Java 语言对大小写敏感，如 hello 和 Hello 就代表两个不同的标识符。

举例：

合法的标识符：_abc、$ABC、For、顺时。

非法的标识符：2A、A#、class。

2. 标识符的命名约定

（1）变量名和方法名不能用下划线“_”和“$”作为首字母。

（2）为了增强可读性和理解性，所有命名最好能够望文生义。

（3）类名和接口名中每个单词的首字母大写，其他字母小写，如 MyFirst-Java、Player、Teacher。

（4）属性、方法和变量名中的第一个单词全小写，从第二个单词开始每个单词首字母大写，其他字母小写，如 getName()、setDoctorBirthday()。

（5）常量：全部大写，“_”作为单词连接符，如 MAX_INT。

（6）包名：全部小写，如 cn.edu.bjut.java。

2.1.2 关键字

关键字对编译器具有特殊含义，可以被识别执行，Java 语言中的关键字（见表 2-1）主要包括以下几类。

表 2-1 Java 语言中的关键字

abstract	assert	boolean	break	byte	byvalue*
case	cast	catch	char	class	const*
continue	default	do	double	else	enum
extends	false	final	finally	float	for
future	generic	goto*	if	implements	import
inner	instanceof	int	interface	long	native
new	null	operator	outer	package	private
protected	public	rest	return	short	static
super	switch	synchronized	this	throw	throws
transient	true	try	var	void	volatile
while					

注：有*标记的关键字表示被预留但当前尚未使用。

（1）访问控制：private、protected、public。

（2）修饰关键词：abstract、final、native、static、synchronized、transient、volatile。

（3）类、接口和包的定义：class、extends、implements、interface、import、package。

（4）程序控制语句：break、continue、return、do、while、if、else、for、switch、case、default。

（5）异常处理：catch、finally、throw、throws、try。

（6）数据类型：boolean、byte、char、double、float、int、long、short、enum。

（7）实例创建与引用：instanceof、new、super、this。

（8）其他关键字：void、assert。

（9）某些数值类型的可选值：false、true、null。

（10）Java 语言的保留字是指预留的但当前尚未使用的关键字，如 byvalue、goto、const。

2.1.3　Java 中的特殊符号

1. 注释

注释是程序中的说明性文字，不为编译器所编译、虚拟机所执行，目的是增强程序的可读性和可理解性，有助于他人的阅读和程序的修改。注释可以位于类声明前后、方法声明前后、属性声明前后、方法中，几乎可以在一个文件的任意位置。Java 语言中有三种类型的注释：

（1）单行注释：//注释内容，表示从“//”开始到此行结束均作为注释。

（2）多行注释：/＊注释内容＊/，表示从“/＊”到“＊/”之间的所有字符均作为注释。

（3）文档注释：/＊＊注释内容＊/，表示从“/＊＊”到“＊/”之间的所有字符均作为注释。

单行注释和多行注释只能通过打开源文件来查看，文档注释可以不打开源文件来查看，bin 目录下有一个 javadoc 工具，可将源文件中的文档注释提取出来生成 Web 页面的 HTML 文件，如 javadoc-d. HelloWorld. java。

2. 其他符号

在 Java 语言中，用分隔符“;”表示一个语句的结束。例如，以下两个语句是等价的：

sum = a+b+c; 与 sum = a+b+

c;

一个块或一个复合语句是以左花括号和右花括号“{}”为边界的语句集合，块语句也被用来组合属于某个类的语句。

在源代码元素之间允许有空白字符，空白字符可以改善源代码的视觉感受。空白字符包括空格、TAB、回车、换行等。

2.2 原始数据类型

对于程序设计语言，都需要使用和处理数据，而数据又可以分为不同的类型。每个数据类型都有它的取值范围，编译器会根据每个变量或常量的数据类型给其分配内存空间，数据类型就是对内存位置的抽象表达，同时不同数据类型的操作方式也不尽相同。Java 语言共有八种原始数据类型，见表 2-2。

表 2-2 原始数据类型

名称	取值	占用字节数/个	名称	取值	占用字节数/个
byte	8 位整型	1	boolean	true/false	—
short	16 位整型	2	char	16 位 Unicode 字符	2
int	32 位整型	4	float	32 位浮点数	4
long	64 位整型	8	double	64 位浮点数	8

注意：boolean 只能取值 true 或 false，而且不能与 int 通用。

2.2.1 整数类型

byte、short、int 和 long 都是整数类型，在 Java 中所有整数类型都是有符号的，没有无符号和有符号的区别，每种整型能表示的范围见表 2-3。

表 2-3　整数类型

名称	表示范围	
byte	-2^7 Byte. MIN_VALUE	2^7-1 Byte. MAX_VALUE
short	-2^{15} Short. MIN_VALUE	$2^{15}-1$ Short. MAX_VALUE
int	-2^{31} Integer. MIN_VALUE	$2^{31}-1$ Integer. MAX_VALUE
long	-2^{63} Long. MIN_VALUE	$2^{63}-1$ Long. MAX_VALUE

以 byte 为例，1 个字节最多表示 $2^8=256$ 个数，从 -128（-2^7）至 127（2^7-1）。为什么是-128～127 而不是-127～128 呢？这主要与整型数据在计算机中的存储规则有关。

1. 整数类型的存储方式

正整数（最高位为 0）在计算机中按原码存储，如 5 的原码：0000 0101 = $1\times2^2+1\times2^0=5$。

负整数（最高位为 1）在计算机中按补码存储，补码是对应正整数的原码取反后末位加 1，如-5 的补码：1111 1011。

0000 0000 表示 0；1111 1111 表示 -1。最大的 byte 型整数为 0111 1111（127），最小的 byte 型整数为 1000 0000（-128）。

为什么用补码存储负数？是为了方便二进制计算，如 1000 0000（-128）+ 0111 1111（127）= 1111 1111（-1）。

2. 整数类型数据的表示形式

（1）十进制整数：由数字 0~9 构成，如 56、-24、0。

（2）八进制整数：以零开头，由数字 0~7 组成，如 017、0、0123。

（3）十六进制整数：以 0x 或 0X 开头，由数字 0~9、字母 a~f 或 A~F 组成，如 0x17、0x0、0xf、0xD。

整数默认类型为 int，如果在一个整数后面加上大写的“L”或小写的“l”，则表示它是一个 long 型整数。例如：long var = 100l 或者 long var = 100L。

示例程序：整型数据测试程序。

```
package cn.edu.bjut.chapter2;

public class IntegerTester {
    public static void main(String[ ] args) {
        System.out.println(Short.MIN_VALUE);
        System.out.println(Short.MAX_VALUE);
        System.out.println(Byte.MIN_VALUE);
        System.out.println(Byte.MAX_VALUE);

        byte a = 5;
        String a2 = String.format("%8s", Integer.toBinaryString(a & 0xFF)).replace(' ', '0');
        System.out.println(a2);
        System.out.format("0x%x\n", a);
        System.out.format("0%o\n", a);

        byte b = -5;
        String b2 = String.format("%8s", Integer.toBinaryString(b & 0xFF)).replace(' ', '0');
        System.out.println(b2);
        System.out.format("0x%x\n", b);
        System.out.format("0%o\n", b);
    }
}
```

2.2.2 字符数据类型

字符数据类型为 char，占用 2 个字节（16 位）的存储空间，采用的是 Unicode 编码，使用单引号（'）来界定，定义的方法是在变量标识符前加上关键字“char”。例如，char a = 'A';表示将标识符为 a 的变量声明为字符型变量，初始值为 'A'。

Java 语言采用 Unicode 字符编码。由于计算机内存只能存取二进制数据，因此必须为各个字符进行编码。字符编码就是用一串二进制数据来表示特定的字符。常见的字符编码包括以下几种。

1. Unicode 字符编码

Unicode（统一码、万国码、单一码）由国际 Unicode 协会编制，收录了全世界所有语言文字中的字符，是一种跨平台的字符编码。每个 Unicode 字符占用两个字节（16 位）的存储空间，通常用 16 进制表示，范围为\u0000 ~ \uFFFF。前缀\u 标志着这是一个 Unicode 值，而 4 个十六进制数位代表实际的 Unicode 字符编码，如\u0061 代表字符 'a' 。Unicode 字符表实例见表 2-4。

表 2-4　Unicode 字符表实例

U+	0	1	2	3	4	5	6	7	8	9	A	B	C	D	E	F
2200	∀	∁	∂	∃	∄	∅	∆	∇	∈	∉	∊	∋	∌	∍	∎	∏
2210	∐	∑	−	∓	∔	∕	∖	∗	∘	∙	√	∛	∜	∝	∞	∟
2220	∠	∡	∢	∣	∤	∥	∦	∧	∨	∩	∪	∫	∬	∭	∮	∯
2230	∰	∱	∲	∳	∴	∵	∶	∷	∸	∹	∺	∻	∼	∽	∾	∿
30A0	゠	ァ	ア	ィ	イ	ゥ	ウ	ェ	エ	ォ	オ	カ	ガ	キ	ギ	ク
30B0	グ	ケ	ゲ	コ	ゴ	サ	ザ	シ	ジ	ス	ズ	セ	ゼ	ソ	ゾ	タ
30C0	ダ	チ	ヂ	ッ	ツ	ヅ	テ	デ	ト	ド	ナ	ニ	ヌ	ネ	ノ	ハ
30D0	バ	パ	ヒ	ビ	ピ	フ	ブ	プ	ヘ	ベ	ペ	ホ	ボ	ポ	マ	ミ
4E00	一	丁	丂	七	丄	丅	丆	万	丈	三	上	下	丌	不	与	丏
4E10	丐	丑	丒	专	且	丕	世	丗	丘	丙	业	丛	东	丝	丞	丟
4E20	丠	両	丢	丣	两	严	並	丧	丨	丩	个	丫	丬	中	丮	丯
4E30	丰	丱	串	丳	临	丵	丶	丷	丸	丹	为	主	丼	丽	举	丿
4E40	乀	乁	乂	乃	乄	久	乆	乇	么	义	乊	之	乌	乍	乎	乏
4E50	乐	乑	乒	乓	乔	乕	乖	乗	乘	乙	乚	乛	乜	九	乞	也
4E60	习	乡	乢	乣	乤	乥	书	乧	乨	乩	乪	乫	乬	乭	乮	乯
4E70	买	乱	乲	乳	乴	乵	乶	乷	乸	乹	乺	乻	乼	乽	乾	乿

2. ASCII 字符编码

美国信息交换标准代码（American Standard Code for Information Interchange，ASCII）主要用于表达现代英语和其他西欧语言中的字符。它是现今最通用的单字节编码系统之一，它只使用了一个字节的 7 位，一共表示 128

个字符，如图 2-1 所示。

高四位 / 低四位		ASCII非打印控制字符										ASCII 打印字符												
		0000					0001					0010		0011		0100		0101		0110		0111		
		0					1					2		3		4		5		6		7		
		十进制	字符	ctrl	代码	字符解释	十进制	字符	ctrl	代码	字符解释	十进制	字符	十进制	字符	十进制	字符	十进制	字符	十进制	字符	十进制	字符	ctrl
0000	0	0	BLANK NULL	^@	NUL	空	16	►	^P	DLE	数据链路转意	32		48	0	64	@	80	P	96	`	112	p	
0001	1	1	☺	^A	SOH	头标开始	17	◄	^Q	DC1	设备控制 1	33	!	49	1	65	A	81	Q	97	a	113	q	
0010	2	2	☻	^B	STX	正文开始	18	↕	^R	DC2	设备控制 2	34	"	50	2	66	B	82	R	98	b	114	r	
0011	3	3	♥	^C	ETX	正文结束	19	‼	^S	DC3	设备控制 3	35	#	51	3	67	C	83	S	99	c	115	s	
0100	4	4	◆	^D	EOT	传输结束	20	¶	^T	DC4	设备控制 4	36	$	52	4	68	D	84	T	100	d	116	t	
0101	5	5	♣	^E	ENQ	查询	21	§	^U	NAK	反确认	37	%	53	5	69	E	85	U	101	e	117	u	
0110	6	6	♠	^F	ACK	确认	22	■	^V	SYN	同步空闲	38	&	54	6	70	F	86	V	102	f	118	v	
0111	7	7	●	^G	BEL	震铃	23	↨	^W	ETB	传输块结束	39	'	55	7	71	G	87	W	103	g	119	w	
1000	8	8	◘	^H	BS	退格	24	↑	^X	CAN	取消	40	(	56	8	72	H	88	X	104	h	120	x	
1001	9	9	○	^I	TAB	水平制表符	25	↓	^Y	EM	媒体结束	41	)	57	9	73	I	89	Y	105	i	121	y	
1010	A	10	◙	^J	LF	换行/新行	26	→	^Z	SUB	替换	42	*	58	:	74	J	90	Z	106	j	122	z	
1011	B	11	♂	^K	VT	竖直制表符	27	←	^[	ESC	转意	43	+	59	;	75	K	91	[	107	k	123	{	
1100	C	12	♀	^L	FF	换页/新页	28	∟	^\	FS	文件分隔符	44	,	60	<	76	L	92	\	108	l	124	|	
1101	D	13	♪	^M	CR	回车	29	↔	^]	GS	组分隔符	45	-	61	=	77	M	93	]	109	m	125	}	
1110	E	14	♫	^N	SO	移出	30	▲	^6	RS	记录分隔符	46	.	62	>	78	N	94	^	110	n	126	~	
1111	F	15	☼	^O	SI	移入	31	▼	^-	US	单元分隔符	47	/	63	?	79	O	95	_	111	o	127	Δ	^Back space

图 2-1　ASCII 字符编码

3. 转义字符

在给字符变量赋值时，通常直接从键盘输入特定的字符，而不会使用 Unicode 字符编码，因此很难记住各种字符的 Unicode 字符编码值。对于某些特殊字符，如引号，如果不知道它的 Unicode 字符编码，那么直接输入就会出现错误，例如：

```
System.out.println("he said "hello"");
```

为了解决这个问题，Java 定义了一种特殊的标记来表示特殊字符，采用转义字符来表示引号和其他特殊字符，所以可以使用下面的语句输出带引号的消息：

```
System.out.println("he said \"hello\""); // 输出: he said "hello"
```

转义字符见表 2-5。

表 2-5　转义字符

转义字符	含义	ASCII 码值（十进制）	转义字符	含义	ASCII 码值（十进制）
\a	响铃（BEL）	7	\b	退格（BS）	8
\f	换页（FF）	12	\n	换行（LF）	10
\r	回车（CR）	13	\t	水平制表（HT）	9
\v	垂直制表（VT）	11	\\	反斜线字符	92
\'	单引号字符	39	\"	双引号字符	34
\0	空字符	0			
\ddd	3 位八进制数所代表的任意字符	三位八进制	\uhhhh	4 位十六进制数所代表的任意字符	二位十六进制

示例程序：字符型数据测试程序。

```
package cn.edu.bjut.chapter2;

public class CharTester {
  public static void main(String[ ] args) {
    char zhchar = '中';
    char enchar = 'a';
    char enchar2 = 97;

    System.out.println(zhchar + "\t" + enchar + "\t" + enchar2);

    char ucchar = '\u0061';
    System.out.println(ucchar);

    char occhar = '\101';
    System.out.println(occhar);
  }
}
```

2.2.3　浮点类型

浮点类型有 float 和 double 两种，双精度类型的 double 比单精度类型的 float 具有更高的精度和更大的表示范围。

（1）float：共 32 位，占 4 个字节，使用 f 或 F 表示，称为单精度浮点数。

（2）double：共64位，占8个字节，默认类型，使用d或D表示，称为双精度浮点数。

Java类型的浮点类型常量有以下两种表示形式。

（1）小数点形式，也称为十进制数形式，由数字和小数点组成且必须有小数点，如3.9、-0.23、-23.、.23、0.23。

（2）指数形式，也称为科学计数法形式，如2.3e3和2.3E3都表示2.3×10^{3}，.2e-4表示0.2×10^{-4}。

浮点数举例：

float fa = 123.4f；（正确）　float fb = 123.4；（错误）

float fc = 12.5E3F；（正确）　float fd = (float) 12.5E3；（正确）

double da = 123D；（正确）double db = 123.456d；（正确）double dc = 123.45e3；（正确）

注意：整数类型的存储方式是精确存储，浮点类型的存储方式是近似存储：实数范围太大，实数太多，无法在计算机中对应每一个实数的状态。

示例程序：浮点型数据测试程序。

```
package cn.edu.bjut.chapter2;

public class DoubleTester {
  public static void main(String[] args) {
    double d = 0.0 / 0.0;
    System.out.println(d);

    double a = 2.0;
    double b = 1.91;
    double c = 0.09;
    System.out.println(a - b == c);
    System.out.println(a - b);
    System.out.println(Math.abs(a - b - c) < 1E-6);
  }
}
```

2.2.4　数据类型转换

数据类型的转换，分为自动转换和强制转换。自动转换是程序在执行过程中“悄然”进行的转换，不需要用户提前声明；强制转换则必须在代码中声明，转换顺序不受限制。

1. 自动转换

当 a 类型转换为 b 类型时，如果 a 的取值范围是 b 的取值范围的完全子集，则进行自动类型转换。在 Java 语言的八种基本类型中，除 boolean 以外，其他七种类型都是可以相互转换的。

七种原始类型之间的自动转换结构图如下：

byte→short→int→long→float→double

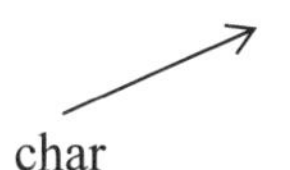

char

顺着箭头方向可自动转换，逆着箭头方向则是强制转换。

2. 强制转换

整型数据之间的强制转换，不仅可能改变数值，还可能改变数据的符号。例如：

int a = 0x2aff;byte b = (byte)a;b 为-1

类型强制转换的原则：从最低位开始取到目标类型长度为止。

（1）整型之间的强制转换是保留二进制低位，去掉高位。

（2）实型强制转换为整型是保留整数，去掉小数。

2.3　String 类型

char 类型只能表示一个字符，为了表示一串字符，可使用 String 数据类型。String 类型是字符串类型，它不是 Java 语言的八种基本类型之一，是类（class）的类型，表示 Java 语言的一个类，这个类的实例叫作 String 对象。String 类是 Java 语言中使用最多的类，它有很多有用的方法，具体可查看 JDK 的 API 文档。

注意：①Java 语言中的字符串用双引号（"）来界定；②Java 语言中 String 类的对象不是以字符'\0' 结尾。

String 类型对象的几种常用形式如下：

（1）获得 String 类的对象变量，例如：

```
String str1 = "Hello";
String str2 = new String("World!");
```

（2）使用“+”来连接字符串，例如：

```
String s1 = "12";
int ia = 3;
int ib = 4;
System.out.println(s1 + ia + ib);
```

（3）String concat(String)：将当前String对象与参数String对象连接起来返回新的String对象。

```
System.out.println(str1.concat(str2));
```

（4）boolean equals(String)：比较两个字符串内容是否相等，大小写敏感。

```
String s2 = "Hello";
String s3 = "Hello";
System.out.println(s2.equals(s3));
```

（5）boolean equalsIgnoreCase(String)：比较两个字符串内容是否相等，大小写不敏感。

```
String s4 = "heLLo";
System.out.println(s4.equals(s3));
System.out.println(s4.equalsIgnoreCase(s3));
```

（6）int indexOf(String/char)：获得参数字符/字符串在该字符串中第一次出现的位置索引，如果找不到，则返回-1。

```
System.out.println(str3.indexOf("Wor"));
System.out.println(str3.indexOf('o'));
```

（7）length()：获得字符串的长度。

```
System.out.println(str3.length());
```

2.4 运算符

计算机的最基本用途之一就是执行运算，作为一门计算机语言，Java也提供了一套丰富的运算符来操纵变量。我们可以把运算符分成以下几组：移位运算、位运算、赋值运算。位运算虽然是一种高效的计算方法，但位运算符是比较难掌握的一项技术，需要在记忆和理解的基础上灵活运用。

2.4.1　算术运算符

算术运算符是用于整数或浮点型数据的算术运算。算术运算符根据所需要操作数的个数可分为二元算术运算符和一元算术运算符，见表 2-6。

表 2-6　算术运算符

运算符		用法	描述	等效运算
二元算术运算符	+	a + b	加法	
	-	a - b	减法	
	*	a * b	乘法	
	/	a / b	除法	
	%	a % b	取余数	
一元算术运算符	++	++a	前置自增 1	a = a + 1
		a++	后置自增 1	
	--	--a	前置自减 1	a = a - 1
		a--	后置自减 1	
	-	-a	取反	a = -a

二元算术运算符需要两个操作数，这两个操作数分别写在运算符的左右两侧；一元算术运算符只对一个表达式执行操作，该表达式可以是数值数据类型中的任何一种数据类型，也就是只需要一个操作数，它可以位于运算符的任意一侧，但分别有不同的含义。

2.4.2　移位运算符

在 Java 语言程序设计中，移位运算符是位操作运算符的一种。移位运算符可以在二进制的基础上对数字进行平移，其按照平移的方向和填充数字的规则分为三种：<< （左移）、>> （带符号右移）和>>> （无符号右移），所有的移位运算只针对整型数据操作，符号表示以及实例见表 2-7。

（1）<<：左移位运算符，按二进制形式把所有的数字向左移动对应的位数，高位移出（舍弃），低位的空位补零。在数字没有溢出的前提下，对于正数和负数，左移一位都相当于乘以2，左移 n 位就相当于乘以2的 n 次方。

（2）>>：算术右移位运算符，也称为带符号右移位运算符。按二进制形式把所有的数字向右移动对应位数，低位移出（舍弃），高位的空位补符号位，即正数补0，负数补1。右移一位相当于除以2，右移 n 位相当于除以2的 n 次方。

（3）>>>：逻辑右移位运算符，也称为无符号右移位运算符。按二进制形式把所有的数字向右移动对应位数，低位移出（舍弃），高位的空位补零。对于正数来说和带符号右移相同，对于负数来说则不同，移进来都用0填补。

表 2-7　移位运算符表示及实例

运算符	运算	举例	运算规则（设 x = 11011010，n = 2）	运算结果
<<	左移	x << n	x 的各比特位左移 n 位，右边的空位补 0	01101000
>>	带符号右移	x >> n	x 的各比特位右移 n 位，左边的空位按符号位补 0 或 1	11110110
>>>	无符号右移	x >>> n	x 的各比特位右移 n 位，左边的空位补 0	00110110

注意：如果移位位数超出位数范围，如 a<<34 等价于 a<<（34%32）。

2.4.3　位运算符

位运算符是对整数的二进制表示的每一位进行操作，可对单个运算数进行操作，或者对两个运算数进行操作，符号表示以及实例见表2-8。

表 2-8　位运算符表示及实例

运算符	运算	举例	运算规则（设 x = 11011010，y = 01010110）	运算结果
~	位反	~x	将 x 按比特位取反	00100101
&	位与	x & y	x、y 按位进行与操作	01010010
|	位或	x | y	x、y 按位进行或操作	11011110
^	位异或	x ^ y	x、y 按位进行异或操作	10001100

位运算符的典型应用：

（1）想要 a 高 8 位不变，低 8 位全变为 0：a & 0xff00。

（2）想要 a 高 8 位不变，低 8 为全变为 1：a | 0x00ff。

（3）想要 a 高 8 位不变，低 8 位求反：a ^ 0x00ff。

（4）想要 a 高 8 位求反，低 8 位全为 0：（a ^ 0xff00）& 0xff00。

（5）想要 a 的 1、3、5、7 位取反，2、4、6、8 位不变：a ^ 0x0055。

2.4.4　赋值运算符

赋值运算符是指为变量或常量指定数值的符号，如可以使用“=”将右边的数据或表达式结果赋给左边的操作数。Java 语言的复合赋值运算符表示及实例见表 2-9。

表 2-9　复合赋值运算符表示及实例

复合赋值运算符	举例	等效于	复合赋值运算符	举例	等效于
+=	x += y	x = x + y	&=	x &= y	x = x & y
-=	x -= y	x = x- y	|=	x |= y	x = x | y
* =	x * = y	x = x * y	<<=	x <<= y	x = x << y
/=	x /= y	x = x / y	>>=	x >>= y	x = x >> y
% =	x % = y	x = x % y	>>>=	x >>>= y	x = x >>> y
^=	x ^= y	x = x ^ y			

注意：复合赋值运算不会产生自动类型的提升，例如：

```
byte b1 = 2; // 正确
b1 += 2; // 正确
b1 = b1 + 2; // 错误
```

2.4.5　关系运算符

关系运算符用来比较两个值，返回 boolean 类型的值 true 或 false。关系运算符都是二元运算符，见表 2-10。

表 2-10　关系运算符表示及实例

运算符	含义	示例（设 x = 7，y = 8）	
		运算	结果
==	等于	x == y	false
! =	不等于	x ! = y	true
>	大于	x > y	false
<	小于	x < y	true
>=	大于或等于	x >= y	false
<=	小于或等于	x <= y	true

在 Java 语言中，任何数据类型（包括基本类型、类、接口等）都可以通过“==”或“! =”来比较是否相等，关系运算结果返回 true 或 false，而不是返回 0 或 1。

2.4.6　逻辑运算符

逻辑运算符主要用于进行逻辑运算，逻辑运算符表示及实例见表 2-11。

表 2-11　逻辑运算符表示及实例

<table>
<tr><th>运算符</th><th>运算</th><th>举例</th><th>运算规则</th></tr>
<tr><td>&</td><td>与</td><td>x & y</td><td>x 和 y 都为 true 时，结果为 true，否则结果为 false</td></tr>
<tr><td>|</td><td>或</td><td>x | y</td><td>x 和 y 都为 fasle 时，结果为 false，否则结果为 true</td></tr>
<tr><td>!</td><td>非</td><td>! x</td><td>x 为 true 时，结果为 false；x 为 false 时，结果为 true</td></tr>
<tr><td>^</td><td>异或</td><td>x ^ y</td><td>x 和 y 都为 true 或都为 false 时，结果为 false，否则结果为 true</td></tr>
<tr><td>&&</td><td>条件与</td><td>x && y</td><td>x 和 y 都为 true 时，结果为 true，否则结果为 false</td></tr>
<tr><td>||</td><td>条件或</td><td>x||y</td><td>x 和 y 都为 fasle 时，结果为 false，否则结果为 true</td></tr>
</table>

注意：

（1）“&&”“||”运算符支持短路运算。当执行“&&”运算时，如果左边的表达式结果为 false，那么右边的表达式不再进行运算；当执行“||”运算时，如果左边的表达式结果为 true，那么右边的表达式不再进行运算。

（2）“&”“|”运算符不支持短路运算。运算符两边的表达式首先被运算执行，然后对两个表达式的结果进行与、或运算。

2.4.7　运算符的优先级

一个表达式中可能含有多个不同的运算符，具有不同数据类型的数据对象。由于表达式有多种运算，不同的运算顺序可能得出不同的结果甚至出现错误运算，运算符的优先级保证运算的合理性和结果的正确性、唯一性。优先级高的运算符先结合，优先级低的运算符后结合，优先级相同时，由结合性决定运算的顺序。表 2-12 列出了 Java 语言运算符的优先级与结合性。

表 2-12　运算符的优先级与结合性

运算符	描述	优先级		结合性
. 、[ ] 、( )	域运算、数组下标、分组括号	1	最高	自左至右
++ 、-- 、- 、! 、~	单目运算	2	单目	右/左 自右至左
new 、(type)	分配空间、强制类型转换	3		
* 、/ 、%	算术乘、除、求余运算	4	双目	自左至右 (左结合性)
+、-	算术加、减运算	5		
<< 、>> 、>>>	移位运算	6		
< 、<= 、>、>=	小于、小于或等于、大于、大于或等于	7		
== 、! =	等于、不等于	8		
&	按位与	9		
^	按位异或	10		
|	按位或	11		
&&	逻辑与	12		
||	逻辑或	13		
?:	条件运算符	14	三目	自右至左 (右结合性)
=、 *=、/=、%=、+=、-=、<=、>>=、>>>=、&=、^=、! =	赋值运算符	15	最低	

2.5 常量及变量

2.5.1 常量

常量是指在程序的整个运行过程中值保持不变的量。常量主要有两种形式：一种是从字面形式给出的值，这种常量称为字面常量或直接常量；另一种是通过关键字 final 定义的标识符常量。需要注意的是，常量和常量值是不同的概念，常量值是常量的具体和直观的表现形式，常量是形式化的表现。通常在程序中既可以直接使用常量值，也可以使用常量。

常量的声明语法：final 类型 常量名=常量值；

例如：

```
final double PI = 3.14;
```

注意：常量名一般使用大写字符。

使用常量的三个好处：①不需要重复输入同一个值；②如果必须修改常量值，则只需要在源代码中的一个地方作改动；③给常量赋予一个描述性的名字会提高程序的易读性。

常量分为整型常量、浮点型常量、字符型常量、字符串型常量、布尔型常量、空值常量 null。

2.5.2 变量

变量是系统为程序分配的内存单元，用于存储数据，用一个标识符来表示，其中的数据值是可以改变的量。

Java 语言中的变量遵循先声明后使用的原则。声明变量包括给出变量的名称和指明变量的数据类型，必要时还可以指定变量的初始值。

1. 变量的声明格式

```
类型名 变量名 1[,变量名 2][,……];
```

或

```
类型名 变量名 1[=初值 1][,变量名 2[=初值 2],……];
```

其中，方括号内的部分是可选的。

变量经声明后，便可以对其进行赋值和使用。合法的变量声明语句如下：

```
char x, y, z; // char 是类型名, x、y、z 是变量名
int i, j, k = 8; // int 为类型名, i、j、k 为变量名, k 的初始值为 8
float a1 = 0, a2, b1 = 0, b2; // float 是类型名, a1、a2、b1、b2 是变量名
```

2. 变量的类型

（1）八种基本类型：boolean、byte、short、int、long、char、float、double。

（2）对象类型：类、接口、数组。

示例程序：常量变量示例程序。

```
package cn.edu.bjut.chapter2;

public class ConstVariable {
    public static void main(String args[ ]) {
        boolea x, y, z;
        int a = 89, b = 20;
        x = (a > b);
        y = (a != b);
        z = (a + b == 43);
        System.out.println("x=" + x);
        System.out.println("y=" + y);
        System.out.println("z=" + z);

        final String BJUT = "Beijing University of Technology";
        System.out.println(BJUT);

        final int UPPER_LIMIT = 1, LOWER_LIMIT = 0;
        System.out.println("[" + LOWER_LIMIT + "," + UPPER_LIMIT + "]");
    }
}
```

2.6 语句

2.6.1 Java 语言中的三种语句

语句组成了一个完整的执行单元。语句必须以分号结束，没有分号的地方，也就没有语句。

Java 语言中有三种语句：表达式语句、声明语句和程序控制流语句。

（1）表达式语句：

①赋值表达式语句，如 aValue = 8933.234;

②增量表达式（使用++或--）语句，如 aValue++;

③方法调用表达式语句，如 System.out.println(aValue);

④对象创建表达式语句，如 Integer intObj = new Integer(4);

（2）声明语句：声明一个变量，如 double aValue = 8933.234;

（3）程序控制流语句。Java 语言的程序控制流语句分为三种：条件语句、循环语句、控制循环语句。

2.6.2 程序控制流：条件语句

条件语句提供了一种控制机制，使程序的执行可以跳过某些语句不执行，而转去执行特定的语句。Java 语言中的条件语句分为以下几种类型：单分支 if 语句、双分支 if-else 语句、嵌套 if 语句、switch 语句。

1. 单分支 if 语句

if 语句是一个结构，允许程序确定执行的路径，是构成分支结构程序的基本语句。在 if 语句中省略 else 子句以形成单分支 if 语句，是指当且仅当条件为 true 时执行一个动作。if 语句的构成形式如下：

```
if (布尔表达式) {
    语句（组）;
}
```

其执行流程图如图 2-2 所示。

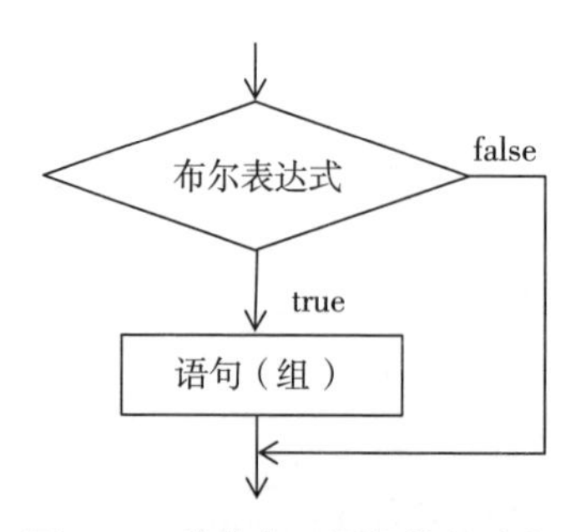

图 2-2　单分支 if 语句执行流程图

2. 双分支 if-else 语句

if-else 语句根据条件是 true 或 false，决定执行的路径。如果希望在条件为 false 时也能执行一些动作，则可以使用双分支 if-else 语句。其构成形式如下：

```
if (布尔表达式) {
    布尔表达式为 true 时执行的语句（组）;
} else {
    布尔表达式为 flase 时执行的语句（组）;
}
```

其执行流程图如图 2-3 所示。

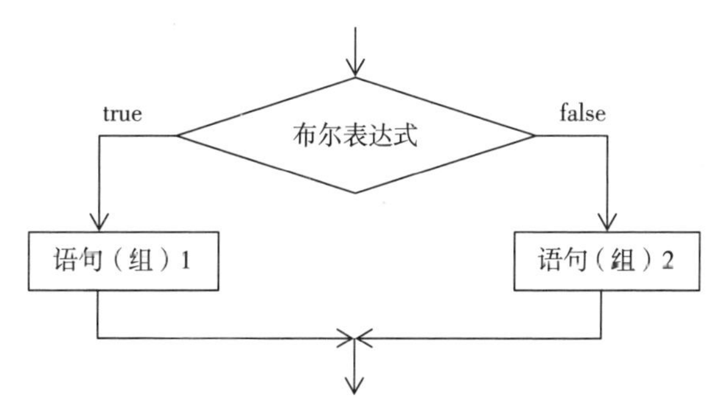

图 2-3　双分支 if-else 语句执行流程图

3. 嵌套 if 语句

if 或 if-else 语句中的语句可以是任意合法的 Java 语句，甚至可以是其他的 if 或者 if-else 语句，其形式如下：

```
if (布尔表达式 1) {
    语句块 1;
} else if (布尔表达式 2) {
    语句块 2;
} else if (布尔表达式 3) {
    ……
} else {
    语句区块 n+1;
}
```

示例程序：java. util. Random 类的方法 nextInt( ) 产生随机整数，生成两个随机整数，用 if-else 语句找出其中的较小者。

```
package cn.edu.bjut.chapter2;

import java.util.Random;

public class IfElse {
    public static void main(String[] args) {
        Random random = new Random(); //声明随机数类对象并实例化
        int m = random.nextInt(); //产生随机整数
        System.out.println("m = " + m);
        int n = random.nextInt(); //产生下一个随机整数
        System.out.println("n = " + n);
        if (m < n) {
            System.out.println("The minimum of m and n is " + m);
        } else if (n < m) {
            System.out.println("The minimum of m and n is " + n);
        } else {
            System.out.println("m is equal to n");
        }
    }
}
```

4. switch 语句

如果需要从很多的分支中选择一个分支去执行，虽然可用 if 嵌套语句来解决，但在嵌套层数较多时，不方便阅读。而 switch 语句可以清楚地处理多分支选择问题，其格式如下：

```
switch (表达式) {
    case 值 1: //分支 1
        语句区块 1;
        break;
    case 值 2: //分支 2
        语句区块 2;
        break;
    ……
    case 值 n: //分支 n
```

语句区块 n；
break；
［default ：//分支 $n+1$
语句区块 $n+1$；］
}

示例程序：产生1~12的随机整数month，根据month的值显示相应的月份。

```
package cn.edu.bjut.chapter2;

import java.util.Random;

public class SwitchExample {
  public static void main(String[ ]args) {
    Random random = new Random(); //声明随机数类对象并实例化
    float x = random.nextFloat(); //产生 0.0 到 1.0 的随机浮点数
    int month = Math.round(11 * x+1); //产生 1 到 12 的随机整数
    switch(month) {
    case 1:
      System.out.println("1 月");
      break;
    case 2:
      System.out.println("2 月");
      break;
    case 3:
      System.out.println("3 月");
      break;
    case 4:
      System.out.println("4 月");
      break;
    case 5:
      System.out.println("5 月");
      break;
    case 6:
      System.out.println("6 月");
      break;
    case 7:
      System.out.println("7 月");
      break;
```

```
        case 8:
            System.out.println("8 月");
            break;
        case 9:
            System.out.println("9 月");
            break;
        case 10:
            System.out.println("10 月");
            break;
        case 11:
            System.out.println("11 月");
            break;
        case 12:
            System.out.println("12 月");
            break;
        default:
            System.out.println("错误");
        }
    }
}
```

2.6.3　程序控制流：循环语句

循环语句的作用是反复执行一段代码，直到满足终止条件为止。Java 语言中的循环语句有 for 语句、while 语句、do-while 语句，这些语句各有其特点，根据需要进行选择。

1. for 语句

for 语句的一般格式：

```
for (初始值; 布尔表达式; 循环过程表达式) {
    循环体程序语句块;
}
```

for 循环括号中的内容无论多么复杂，都必须有两个分号将其分为三个部分，如 for (int i=0； i < 10； i++)。第一部分为初始化语句，第二部分为循环条件，第三部分为修改表达式。第一部分只执行一次，第二和第三部分的循环体会循环执行，直至循环条件不满足而跳出循环。注意：每部分的内容都可以为空。

示例程序1：求解Fibonacci数列1，1，2，3，5，8，…的前38个数。该数列的递推关系是：

$$\begin{cases} F_1 = 1, & n = 1 \\ F_2 = 1, & n = 2 \\ F_n = F_{n-1} + F_{n-2}, & n \geqslant 3 \end{cases}$$

```
package cn.edu.bjut.chapter2;

public class Fibonacci {
    public static void main(String[] args) {
        int f1 = 1, f2 = 1;
        for (int i = 1; i < 38 / 2; i++) {
            System.out.println("\t" + f1 + "\t" + f2);
            f1 += f2;
            f2 += f1;
        }
    }
}
```

示例程序2：编写一个程序，使用for语句复制一个给定字符串的各个字符，直到程序遇到给定字符u为止。

```
package cn.edu.bjut.chapter2;

public class ForExample {
    public static void main(String[] args) {
        String copyFromMe = "Copy every letter until you encounter 'u' ."; //给定字符串
        StringBuffer copyToMe = new StringBuffer(); //创建一个空的串变量
        int i;
        char c;

        for (i = 0, c = copyFromMe.charAt(i); i < copyFromMe.length() && c != 'u';
            c = copyFromMe.charAt(++i)) {
                copyToMe.append(c);
        }
        System.out.println(copyToMe);
    }
}
```

2. while 语句

while 语句的一般格式：

```
while (布尔表达式) {
    循环体与语句块;
}
```

先判断条件是否满足，满足则执行循环体，再判断条件，满足再执行循环体，直到判断条件不满足则跳出循环。

示例程序：编写一个程序，使用 while 语句复制一个给定字符串的各个字符，直到程序遇到给定字符 u 为止。

```
package cn.edu.bjut.chapter2;

public class WhileExample {
    public static void main(String[] args) {
        String copyFromMe = "Copy every letter until you encounter 'u' ."; //给定字符串
        StringBuffer copyToMe = new StringBuffer(); //创建一个空的串变量
        int i = 0;
        char c = copyFromMe.charAt(i); //该串变量的第一个字符赋给 c
        while (c != 'u') {
            copyToMe.append(c);
            c = copyFromMe.charAt(++i);
        }
        System.out.println(copyToMe);
    }
}
```

3. do-while 语句

do-while 语句的一般格式：

```
do {
    循环体语句块;
} while (布尔表达式);
```

do-while 语句中的执行顺序：先执行一次循环体语句区块，然后判断布尔表达式的值，若值为 false，则跳出循环，执行后面的语句；若值为 true，则再次执行循环体语句区块，如此反复，直到布尔表达式的值为 false，跳出循环体。

do-while 语句与 while 语句的区别在于，do-while 循环中的循环体至少执行一次，而 while 循环中的循环体可能一次也不执行。

2.6.4　程序控制流：控制循环语句

1. break 语句

break 语句通常有不带标号和带标号两种形式。

```
break;
break label;
```

其中，break 是关键字；label 是用户定义的标识符。

break label 语句用在循环语句中，必须在外循环入口语句的前方写上 label 标号，可以使程序流程退出标号所指明的外循环。

break 语句有两种作用：第一，在 switch 语句中，被用来终止一个语句序列；第二，被用来退出一个循环。

示例程序：求自然数 1~50 中的素数。

```
package cn.edu.bjut.chapter2;

public class PrimeNumber {
  public static void main(String[] args) {
    int n = 0, m, j, i;
    System.out.print("2");
    label: for (i = 3; i <= 100; i += 2) {
      m = (int) Math.sqrt((double) i);
      for (j = 2; j <= m; j++) {
        if ((i % j) == 0) {
          break;
        }
        if (i == 51) {
          break label;
        }
      }
      if (j >= m + 1) {
        if (n % 6 == 0) {
          System.out.println("\n");
```

```
            }
            System.out.print(i + "   ");
            n++;
            }
        }
    }
}
```

2. continue 语句

continue 语句只能用于循环结构中，其作用是使循环短路。它有下述两种形式。

```
continue;
continue label;
```

其中，continue 是关键字；label 是用户定义的标识符。

当程序中有嵌套的多层循环时，为了从内循环跳到外循环，可使用带标号的 continue label 语句。此时应在外循环的入口语句前方加上标号。

示例程序：

```
package cn.edu.bjut.chapter2;

public class ContinueExample {
    public static void main(String[] args) {
        label: for (int i = 0; i < 2; i++) {
            System.out.println("运行第一重循环" + i);
            for (int j = 0; j < 2; j++) {
                System.out.println("运行第二重循环" + j);

                for (int k = 0; k < 2; k++) {
                    // continue label;
                    if (k == 1) {
                        System.out.println("跳出多重循环");
                        continue label;
                    }

                    System.out.println("运行第三重循环" + k);
```

```
                System.out.println("******************************");
            }
        }
      }
    }
}
```

本章习题

1. 编写程序，求 $1 + 3 + 7 + 15 + 31 + \cdots + (2^{20} - 1)$ 的值。

2. 已知 $S = 1 - \frac{1}{2} + \frac{1}{3} - \frac{1}{4} + \cdots + \frac{1}{n-1} - \frac{1}{n}$，试编写程序求解直到满足 $\frac{1}{n} < 10^{-5}$ 时的 S 值。

3. 编写程序，计算没有数字 9 的三位数有多少个，以及它们的和等于多少。

4. 国际专利分类号（IPC）的前 14 位由 section（部）、class（大类）、subclass（小类）、maingroup（大组）和 subgroup（小组）五部分组成，每位的要求见表 2-13，具体例子如“G06F 17/30”和“H01M 10/587”，编写程序将这五部分拼接成 IPC 的实际表现形式。

表 2-13　国际专利分类号（IPC）前 14 位的含义

位数	内容	取值范围
1	section	A~H
2, 3	class	1~99
4	subclass	A~Z
5~8	maingroup(右对齐)	1~9999
9	分割符	/
10~14	subgroup(左对齐)	0~99999

第3章 类与对象

※ 知道面向过程与面向对象的区别。
※ 熟悉类的定义及修饰符的用法（重点、难点）。
※ 熟悉类的构造方法（重点）。
※ 熟悉数据成员及修饰符的用法（重点、难点）。
※ 熟悉成员方法及修饰符的用法（重点、难点）。

3.1 面向过程与面向对象

3.1.1 面向过程与面向对象的区别

面向过程就是分析出解决问题所需要的步骤，然后用函数把这些步骤一步一步地实现，使用的时候一个接一个地依次调用就可以了。面向对象是把构成问题的事物分解成各个对象，建立对象的目的不是完成一个步骤，而是描述某个事物在整个解决问题的步骤中的行为。

下面通过计算长方形和三角形的面积来说明面向过程的程序设计与面向对象的程序设计的不同。

1. 面向过程的程序设计

在面向过程的程序设计中，计算长方形的面积时给出长和宽变量以及求长方形面积的语句，将长和宽的值作为计算长方形面积过程的参数，通过调用该过程就可以得到该长方形的面积。计算三角形面积的过程与之类似。面向过程的数据不能隐藏，而且数据与方法结合得不够紧密。

示例程序：

```
double rectangle_area (double length, double width) {
   return (length * width);
}

double triangle_area(double height, double width) {
   return (height * width / 2);
}
…
a1 = rectangle_area(30, 20);
a2 = triangle_area(30, 20);
```

2. 面向对象的程序设计

首先将长方形看成一个长方形对象，把长方形对象的共性抽象出来设计成长方形的类，定义类的属性和方法，然后创建长方形类的对象，将长和宽值的信息传递给对象的方法，引用对象的方法求对象的面积。真正的面向对象是指用面向对象的思想解决现实生活中的问题，将现实中解决问题的思想与计算机更好地统一起来，能够让计算机模拟现实生活中解决问题的办法。

示例程序：

```
class Rectangle {
   double length, width;
   public Rectangle(double length, double width) {
      this.length = length;
      this.width = width;
   }
   double area() {
      return (length* width);
   }
}
Rectangle rec = new Rectangle(30, 20);
double t = rec.area();
```

3.1.2 封装机制

封装是面向对象系统的一个重要特性，是数据抽象思想的具体体现。封装也称为信息隐藏，是指利用抽象数据类型将数据和基于数据的操作封装在一起，使其构成一个不可分割的独立实体。数据被保护在抽象数据类型的内部，尽可能地隐藏内部的细节，只保留一些对外接口使之与外部发生联系，如图 3-1 所示。

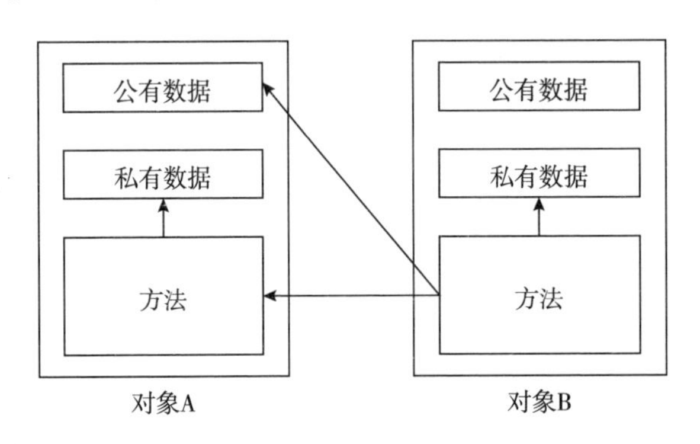

图 3-1 封装机制示意图

在类的定义中设置访问对象属性（数据成员）及方法（成员方法）的权限，限制本类对象及其他类的对象使用的范围。提供一个接口来描述其他对象的使用方法，其他对象不能直接修改本对象所拥有的属性和方法。

封装反映了事物的相对独立性。一方面，封装在编程上的作用是使对象以外的部分不能随意存取对象的内部数据（属性），从而有效地避免了外部错误对它的“交叉感染”。另一方面，当对象的内部做了某些修改时，由于它只通过少量的接口对外提供服务，因此大大减少了内部的修改对外部的影响。面向对象系统的封装单位是对象，类概念本身也具有封装的意义，因为对象的特性是由它所属的类说明来描述的。

3.1.3 面向过程与面向对象的优缺点

1. 面向过程

优点：性能比面向对象好，因为类调用时需要实例化，开销比较大，比较消耗资源，如单片机、嵌入式开发、Linux/Unix 等一般采用面向过程开发，性能是最重要的因素。

缺点：没有面向对象易维护、易复用、易扩展。

2. 面向对象

优点：易维护、易复用、易扩展，由于面向对象有封装、继承、多态性的特性，可以设计出低耦合的系统，使系统更加灵活、更加易于维护。

缺点：性能比面向过程差。

3.2　类与对象的概念

3.2.1　对象

面向对象程序设计就是使用对象进行程序设计。对象（object）代表现实世界中可以明确标识的一个实体，是类的实例，万事万物皆是对象。例如，一位学生、一张桌子、一个按钮、一笔贷款等都可以看作一个对象。每个对象都有自己唯一的标识符、特征和行为。

（1）标识符：对象的名字，是用户和系统识别它的唯一标志。例如，汽车的牌照可作为每一个汽车对象的标识。对象标识有“外部标识”和“内部标识”之分。外部标识供对象的定义者或使用者使用，内部标识供系统内部唯一地识别每一个对象。在计算机世界中，可以把对象看成计算机存储器中一块可标识的区域，它能保存固定或可变数目的数据（或数据的集合）。

（2）属性：一个对象具有什么特征，称它具有什么属性，也称为状态。它是由具有当前值的数据域来表示的，用来描述对象的静态特征，如一个手机的品牌、价格、颜色等。

（3）方法：一个对象具有什么行为，称它具有什么方法。调用对象的一个方法就是要求对象完成一个动作。例如，手机拍照、打电话、收短信等行为可分别用 takePhone( )、call( )、receiveMessage( )来表示。

在 Java 语言中，类是创建对象的模板，对象是类的实例，任何一个对象都是隶属于某个类的。

3.2.2 类

类（class）是同一类型事物的抽象，是对象共性的抽象，同时是客观对象在人脑中的主观反映，用来定义对象的数据域是什么以及方法是用来做什么的。例如，小王和小张都属于学生类、中国和英国都属于国家类、中文和英文都属于语言类。类是具有相同属性和行为的对象的集合。同一个类的所有实例具有相同的属性，但它们的状态和属性取值不一定相同。例如，小王和小张都属于学生类，都有姓名、性别、年龄、身高、体重这些属性，但是其属性取值不同。类是一组具有相同属性和行为对象的模板。面向对象编程的主要任务就是定义对象模型中的各个类，因此在定义对象之前应先定义类。描述一个类需要指出三方面的内容：

（1）类标识：类的一个有别于其他类的名字，这是必不可少的。

（2）属性说明：用来描述同类对象的静态特征。

（3）方法说明：用来描述同类对象的动态特征。

例如：Student　学生　是类还是实例对象？

　　　Dog　　　狗　　是类还是实例对象？

3.2.3 类与对象的关系

类是描述对象的“基本原型”，它定义一类对象所能拥有的数据和能完成的操作，在面向对象的程序设计中，类是程序的基本单元。程序中的对象是类的一个实例，是一个软件单元，它由一组结构化的数据和在其上的一组操作构成。类给出了属于该类的全部对象的抽象定义，而对象则是符合这种定义的一个实体，二者间的关系如图 3-2 所示。在面向对象的程序设计中，对象被称作类的实例（instance），而类是对象的模板（template），类与对象之间的关系被看成是抽象与具体的关系，类是多个实例的综合抽象，而实例又是类的个体实物。

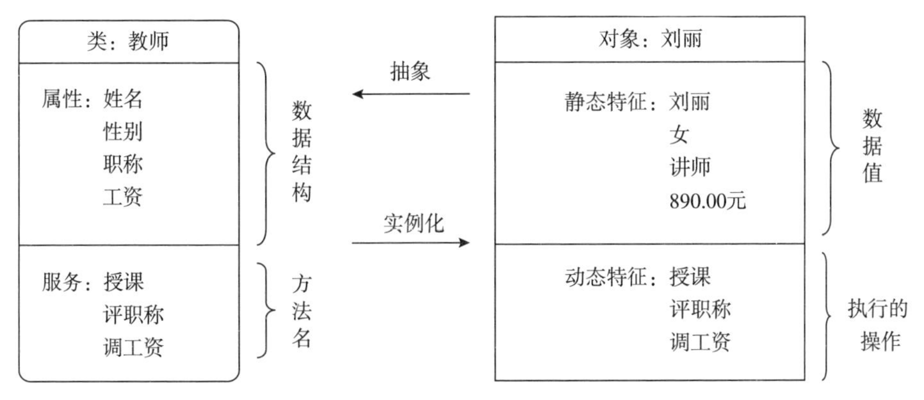

图 3-2　类与对象的关系

3.2.4　类的声明

1. 系统定义的类

系统定义的类，即 Java 类库，是系统定义好的类。类库是 Java 语言的重要组成部分。Java 语言由语法规则和类库两部分组成，语法规则确定 Java 程序的书写规范；类库则提供了 Java 程序与运行它的系统软件（Java 虚拟机）之间的接口。Java 类库是一组由它的发明者 Sun 公司以及其他软件开发商编写好的 Java 程序模块，每个模块通常对应一种特定的基本功能和任务，且这些模块都是经过严格测试的。当用户编写的 Java 程序需要完成其中某一功能时，可以直接利用这些现成的类库，而不需要从头编写，这样不仅可以提高编程效率，也可以保证软件的质量。

2. 用户自己定义的类

系统定义的类虽然实现了许多常见的功能，但是用户程序仍然需要针对特定问题的特定逻辑来定义自己的类。用户按照 Java 的语法规则，把所研究的问题描述成 Java 程序中的类，以解决特定问题。进行 Java 程序设计，首先应学会怎样定义类。

类的图形表示如图 3-3 所示。在 Java 程序中，用户自己定义类的一般格式如下：

```
class 类名 {
   数据成员;
   成员方法;
}
```

类名
数据成员
成员方法

图 3-3　类的图形表示

示例程序：定义一个有数据成员及成员方法的类。

```
package cn.edu.bjut.chapter3;

class Point {
   private int x, y;

   public void setPoint(int a, int b) {
      x = a;
      y = b;
   }

   public int getX() {
      return x;
   }

   public int getY() {
      return y;
   }

   public String toString() {
      return "Point [x=" + x + ", y=" + y + "]";
   }
}
```

3.2.5　创建及使用对象

1. 创建对象

创建对象通常包括声明对象、建立对象和初始化对象三步。

(1) 声明对象。声明对象就是确定对象的名称，并指明该对象所属的类。声明对象的格式如下：

```
类名 对象名列表;
```

其中，“类名”是指对象所属类的名字，它是在声明类时定义的；“对象名列表”是指一个或多个引用变量名，若为多个对象名，则用逗号进行分隔。例如：

```
ClassName object1, object2;
```

注：声明对象时，系统只为该变量分配引用空间，存放在 Java 定义的栈内存中，其值为 null，此时在堆内存中并未创建具体的对象，如图 3-4 所示。

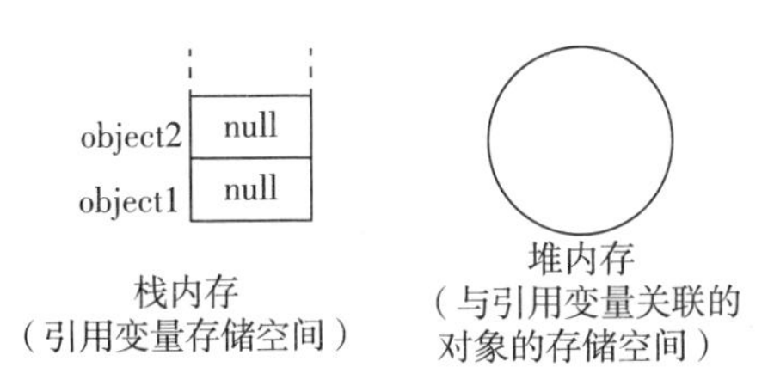

图 3-4　声明对象的内存分配

（2）建立对象。所谓建立对象，就是以关键字 new 为对象分配存储空间。只有通过建立对象，才能为对象分配堆内存，使该对象成为类的实例。

建立对象的格式有以下两种。

```
//第一种: 先声明对象, 然后建立对象
类名 对象名;
对象名 = new 构造方法();
//第二种: 在声明对象的同时建立对象
类名 对象名 = new 构造方法(); // 第二种
```

示例程序：

```
ClassName object1;
object1 = new ClassName();
ClassName object2 = new ClassName();
```

其中，关键字 new 的作用是创建对象，为对象分配存储空间，并存放在 Java 定义的堆内存中。对象的值是该对象存储的地址，如图 3-5 所示。

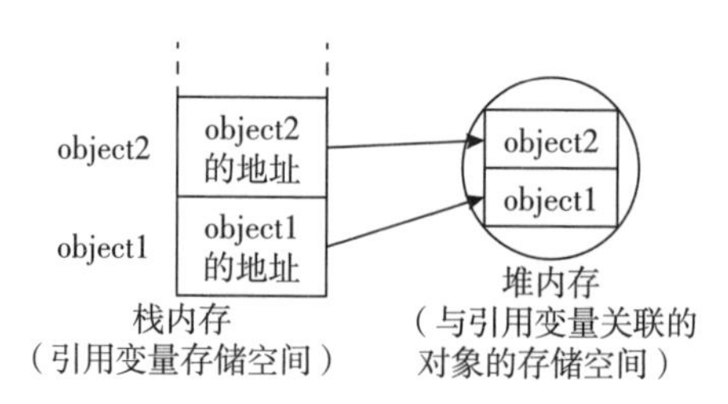

图 3-5　建立对象的内存分配

（3）初始化对象。初始化对象是指由一个类生成一个对象时，为这个对象确定初始状态，即为它的数据成员赋初始值的过程。这一过程有三种实现方法：①赋值语句；②初始化代码块；③构造函数。

示例程序：

```
package cn.edu.bjut.chapter3;

public class Rectangle {
  double length = 0, width = 0; // 赋值语句

  // 初始化代码块
  {
    length = 1;
    width = 2;
  }

  // 构造函数
  public Rectangle(double len, double wid) {
    length = len;
    width = wid;
  }

  public double area() {
    return (length* width);
  }

  public static void main(String[] args) {
    Rectangle rect = new Rectangle(30, 20);
    System.out.println(rect.area());
  }
}
```

2. 使用对象

（1）简单变量与对象变量。

简单变量是指直接在栈空间中分配一个变量空间，将内容放入空间中，空间用变量名来表示。简单变量的栈内存分配示例如图 3-6 所示。

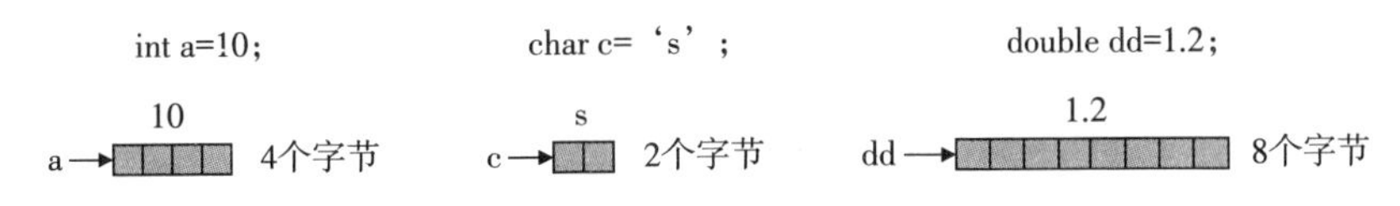

图 3-6　简单变量的栈内存分配示例

对象变量：先构造对象的引用，再构造对象；对象引用存储在栈内存中，对象则储存在堆内存中。例如，构造对象：Student s；在 Java 中只是定义一个变量，而没有生成对象，是在栈空间定义一个变量 s，类型为 Student。s = new Student( )；在 Java 中才是建立对象，在堆内存中分配生成了一个对象空间存储对象内容，然后将对象空间的地址赋给 s，所以 s 指向对象空间。

注意：简单变量做参数是值传递，对象变量做参数是引用传递。

（2）对象与对象引用。

在 Java 语言中，“对象”和“对象引用”这两个术语经常一起出现，很容易混淆。Java 语言认为万物皆对象，这是 Java 语言设计之初的理念之一。按照通俗的说法，每个对象都是某个类的一个实例，这里“类”就是“类型”的同义词。

每种编程语言都有自己的数据处理方式，必须注意所处理数据的类型，是直接操纵元素，还是用某种基于特殊语法的间接表示来操作对象，这些在 Java 语言里都得到了简化，一切都被视为对象。因此，可采用一种统一的语法。尽管将一切都看作对象，但操纵的标识符实际是指向一个对象的引用。

例如：Rectangel rect = new Rectangle(20,30)；

在这里 rect 是该对象的引用，rect 中存放的是这个对象空间的首地址，rect 指向该对象。当通过对象引用调用对象方法时，实际上是调用引用所指向的对象的方法，如 rect. area( )；当通过引用访问属性时，实际上是访问引用指向的对象的属性，如 rect. length；引用类型与对象类型可以不一致，如 Shape s = new Rectangle(20,30)。

（3）对象的使用。

一个对象可以有很多属性和方法，当一个对象被创建后，这个对象就拥有了自己的数据成员和成员方法，可以通过引用对象的成员来使用对象。

数据成员的引用方式：对象名.数据成员名。

成员方法的引用方式：对象名.成员方法名(参数表)。

3.3 构造方法

在Java语言中，任何变量在被使用前都必须先设置初值，Java提供了为类的成员变量赋初值的专门方法——构造方法（constructor）。构造方法是类的方法中方法名与类名相同的类方法，其作用是进行初始化。构造方法是类的一种特殊方法，其特点如下：

（1）构造方法的方法名和类名完全相同。

（2）构造方法是类的方法，能够简化对象数据成员的初始化操作。

（3）不能对构造方法指定返回值类型，它有隐含的返回值，该值由系统内部使用。

（4）构造方法一般不能由编程人员显式地直接调用。

（5）构造方法可以重载，即可定义多个具有参数数量不同或参数类型不同的构造方法。

（6）构造方法不能继承，即子类不能继承父类的构造方法。

（7）如果用户在自定义类中未定义该类的构造方法，系统将为这个类定义一个默认的空构造方法。

示例程序1：

```
public class Rectangle {
   double length, width;

   // 构造函数
   public Rectangle(double len, double wid) {
      length = len;
      width = wid;
   }
```

```
    // 构造函数
    public Rectangle(double len) {
        length = len;
        width = len;
    }
    ...
}
```

类的数据成员名经常与构造方法的参数名相同，为了区分数据成员名与参数名，需要使用关键字 this。另外，关键字 this 也经常被用于调用当前类的其他构造函数。

示例程序 2：

```
public class Rectangle {
    double length, width;

    // 构造函数
    public Rectangle(double length, double width) {
        this.length = length;
        this.width = width;
    }

    // 构造函数
    public Rectangle(double length) {
        this(length, length);
    }
    ...
}
```

3.4　类的严谨定义

```
[修饰符] class 类名 [extends 父类名] [implements 接口名列表] {
    数据成员;
    成员方法;
}
```

相比于一般格式的类，类的说明部分增加了［类修饰符］、［extends 父类名］和［implements 接口名列表］三个选项，合理使用这些选项，可以展示封装、继承和信息隐藏等面向对象的特性。

类修饰符：用于规定类的一些特殊性，主要是说明对它的访问限制。

extends 父类名：指明新定义的类是由已存在的父类派生出来的，这样就可以继承父类的某些特征。

implements 接口列表：Java 语言只支持单继承，为了方便多重继承的软件开发，它提供了接口机制。

3.4.1 访问权限修饰符

1. 无修饰符

class 前面没有加任何修饰符，通常称为“默认访问模式”。在该模式下，这个类只能被同一个包（package）中的类访问或引用，这一访问特性又称为包访问性。

无修饰符的示例程序如下：

```
package cn.edu.bjut.chapter3;

class NoQualifier {
   int a = 45;
}
```

```
package cn.edu.bjut.chapter3;

public class NoQualifierTester {
   public static void main(String[ ] args) {
      NoQualifier nq = new NoQualifier();
      System.out.println(nq.a);
   }
}
```

2. 可访问修饰符：public

一个 Java 源文件最多只能有一个 public 类，也可以一个都没有。如果有 public 类，则文件名必须与 public 类的类名一致；如果没有 public 类，则文件名可以任意选择。

所谓 public 类，是指这个类可以被所有其他类所访问和引用，无论其与

public 类是否在同一个包中。也就是说，这个类作为一个整体，是可见的、可以使用的，程序的其他部分可以创建这个类的对象、访问这个类内部公共的（用访问控制符 public 修饰的）变量和方法。但是，如果不在同一个包中，则需要在访问和引用 public 类的前面添加相应的 import 语句。注意：Eclipse 集成开发环境的快捷键为 CTRL + SHIFT + O，可以自动添加相应的 import 语句。

应该被定义为 public 类的类如下：

（1）Java 程序的主类必须定义为 public 类。

（2）作为公共工具供其他类和程序使用的类应定义为 public 类。

public 修饰符示例程序：

```
package cn.edu.bjut.chapter3;

public class Rectangle2 {
    double length, width;

    public Rectangle 2(double length, double width) {
        this.length = length;
        this.width = width;
    }

    public double area() {
        return (length* width);
    }
}
```

```
package cn.edu.bjut.chapter3_1;

import cn.edu.bjut.chapter3.Rectanglc2;

public class PublicQualifierTester {
    public static void main(String[] args) {
        Rectangle2 rect = new Rectangle2(30, 20);
        System.out.println(rect.area());

        NoQualifier nq = new NoQualifier(); // 错误
    }
}
```

3.4.2 非访问权限修饰符

1. 抽象类修饰符：abstract

抽象类刻画了研究对象的公有行为特征，并通过继承机制将这些特征传送给它的派生类。它将许多有关的类组织在一起，提供一个公共的基类，为派生的具体类奠定基础。当一个类中出现一个或多个 abstract 修饰符定义的方法时，则必须在这个类的前面加上 abstract 修饰符，将其定义为抽象类。即便一个类中没有 abstract 修饰符定义的方法，也可以在这个类的前面加上 abstract 修饰符。抽象类必须有子类，凡是用修饰符 abstract 修饰的类，均被称为抽象类。

例如，任意封闭的形状都有面积，但在具体形状未知的情况下，相应面积的计算并非易事。此时可定义一个封闭形状抽象类 Shape，将计算面积的方法 area( )前面加上修饰符 abstract。对于长方形 Rectangle 类和三角形 Triangle 类等具体类可定义为 Shape 类的子类，Shape 类称为 Rectangle 类和 Triangle 类的父类。在 Rectangle 类和 Triangle 类中实现 Shape 类的抽象方法 area( )，此时 area( )前面可以添加伪代码@Override，表示重写，也可以不写@Override 伪代码。本书推荐添加@Override 伪代码，好处如下：

（1）可以当注释用，方便阅读。

（2）编译器可以帮助验证@Override 下面的方法名是否在父类定义，如果没有，则报错。如果没有写@Override，而下面的方法名又写错了，则这时编译器是可以编译通过的，因为编译器以为这种方法是子类中新增加的方法。

abstract 修饰符类示例程序：

```
package cn.edu.bjut.chapter3;

public abstract class Shape {
    abstract double area();
}
```

```
package cn.edu.bjut.chapter3;

public class Rectangle3 extends Shape {
    double length, width;

```

```
    public Rectangle3(double length, double width) {
        this.length = length;
        this.width = width;
    }

    public double area() {
        return (length * width);
    }
}
```

```
package cn.edu.bjut.chapter3;

public class Triangle extends Shape {
    double height, width;

    public Triangle(double height, double width) {
        this.height = height;
        this.width = width;
    }

    @Override
    public double area() {
        return (height * width / 2);
    }
}
```

2. 最终类修饰符：final

当一个类不可能有子类时，可以用修饰符 final 把它说明为最终类，final 修饰符修饰的类被称为最终类，最终类是不能被任何其他类所继承的。被定义为 final 类通常是一些有固定作用、用来完成某种标准功能的类。定义 final 类的目的如下：

（1）用来完成某种标准功能。如 Java 系统定义好的用来实现网络功能的 InetAddress、Socket 等类都是 final 类。

（2）提高程序的可读性。

（3）提高安全性。

final 修饰符类示例程序：

```
package cn.edu.bjut.chapter3;

public final class RectangleFinal {
    double length = 0, width = 0; // 赋值语句

    public RectangleFinal(double length, double width) {
        this.length = length;
        this.width = width;
    }

    double area() {
        return (length * width);
    }
}
```

```
package cn.edu.bjut.chapter3;

//错误
public class FinalTester extends RectangleFinal {
}
```

3.4.3 类修饰符使用注意事项

（1）当使用两个修饰符修饰一个类时，这些修饰符之间用空格分开，写在关键字 class 之前，修饰符的顺序对类的性质没有任何影响。

（2）修饰符 abstract 和修饰符 final 不能同时修饰同一个类，因为 abstract 类是没有具体对象的类，它必须有子类；而 final 类是不可能有子类的类，所以用 abstract 和 final 修饰同一个类是无意义的。

3.5 数据成员

数据成员也称为成员变量，是用来描述事物的特征。声明一个数据成员时除了要给出这个数据成员的标识符和所属数据类型，还可以添加一定的修饰符。数据成员的声明形式如下：

```
[修饰符] 类型 数据成员名表;
```

其中，修饰符是可选的，它包括访问权限修饰符 public、protected、private 和非访问权限修饰符 static、final 等；类型是指 int、double、类、接口等 Java 允许的各种数据类型；数据成员表是指一个或多个数据成员名，当同时声明多个数据成员时，各成员之间用逗号进行分隔。

3.5.1　访问权限修饰符

数据成员/成员方法的访问权限修饰符包括 public、protected、默认（friendly）和 private 四种，与类访问权限的关联关系见表 3-1。

表 3-1　类访问权限与数据成员/成员方法访问权限关联

数据成员/成员方法	类	
	public	默认
public	所有类	包中类（含当前类）
protected	包中类（含当前类），所有子类	包中类（含当前类）
默认（friendly）	包中类（含当前类）	包中类（含当前类）
private	当前类	当前类

3.5.2　非访问权限修饰符

1. 静态修饰符：static

用 static 修饰的数据成员表示静态数据成员，可以直接通过类名来访问。被 static 修饰的数据成员归某个类所有，它不依赖于类的特定实例，被类的所有实例共享。只要这个类被加载，Java 虚拟机就能根据类名在运行时的数据共享区定位到它们。其特点如下：

（1）它被保存在类的内存区的公共存储单元中，而不是保存在某个对象的内存区中。因此，一个类的任何对象访问它时，存取到的都是相同的数值。

（2）可以通过类名加点操作符访问它。

（3）static 类数据成员仍属类的作用域，可以使用 public static、private static 等进行修饰，修饰符不同，可访问的层次也不同。

用 static 修饰的数据成员示例程序：

```
package cn.edu.bjut.chapter3;

public class Student {
   private String name;
   private static String country = "中国";

   public Student(String name) {
      this.name = name;
   }

   public String toString() {
      return "name = " + name + ", country = " + country;
   }

   public static void main(String[] args) {
      Student s1 = new Student("何道昌");
      Student s2 = new Student("孙双双");
      System.out.println(s1 + "\n" + s2);
      s1.country = "日本";
      System.out.println(s1 + "\n" + s2);

      System.out.println(Student.country);
   }
}
```

图 3-7（a）所示为去掉 static 修饰符的内存情况，图 3-7（b）所示为添加 static 修饰符的内存情况。

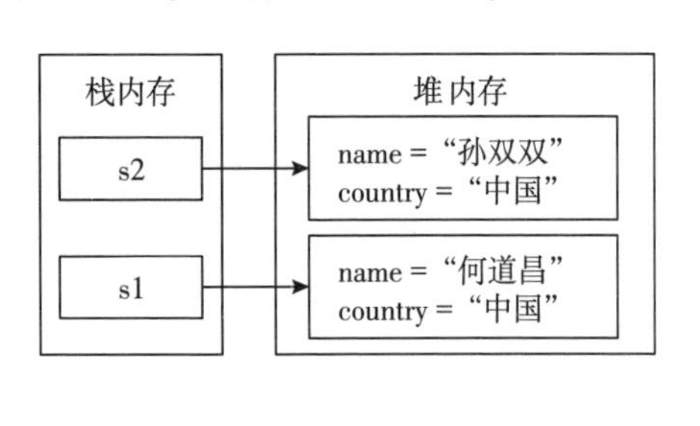

（a）去掉 static 修饰符的内存情况

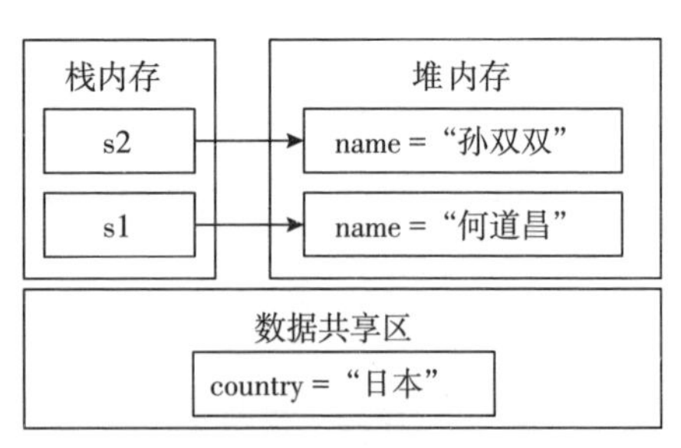

（b）添加 static 修饰符的内存情况

图 3-7　静态数据成员内存变化情况

2. 常量修饰符：final

final修饰的数据成员可以在声明时进行初始化，也可以通过构造方法赋值，但不能在程序的其他部分赋值，它的值在程序的整个执行过程中是不能改变的。final修饰的数据成员是常量，需要注意以下两点：

（1）需要说明常量的数据类型并指出常量的具体值。

（2）若一个类有多个对象，而某个数据成员是常量，最好将此常量声明为static，即用static final两个修饰符修饰，这样做可以节省空间。

用static + final修饰的数据成员示例程序：

```
package cn.edu.bjut.chapter3;

public class Circle {
    private double r;
    public static final double PI = 3.14;

    public Circle(double r) {
        this.r = r;
    }

    public double area() {
        return (r * r * PI);
    }

    public static void main(String[] args) {
        Circle c1 = new Circle(2);
        Circle c2 = new Circle(3);
        System.out.println(c1.area() + "\t" + c2.area());
    }
}
```

Circle类有多个对象，其中PI是常量，此时PI在堆内存中会存储两份，如图3-8（a）所示。如果将其声明为静态常量，即用static final两个修饰符修饰，常量PI就会移到数据共享区，只存储一份，可节省存储空间。因此，在Java语言中，当final修饰数据成员时，经常同时将其声明为静态的，即静态常量；反之，当static修饰数据成员时，未必会同时用final进行修饰，此时为静态变量。也就是说，静态数据成员可分为静态常量和静态变量两种。

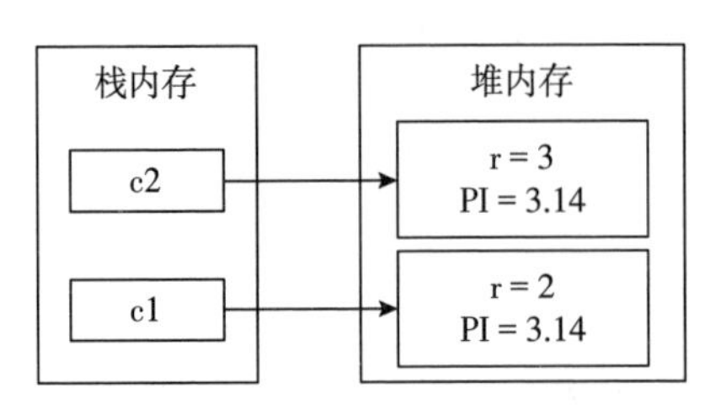

（a）只有 final 修饰符的内存情况

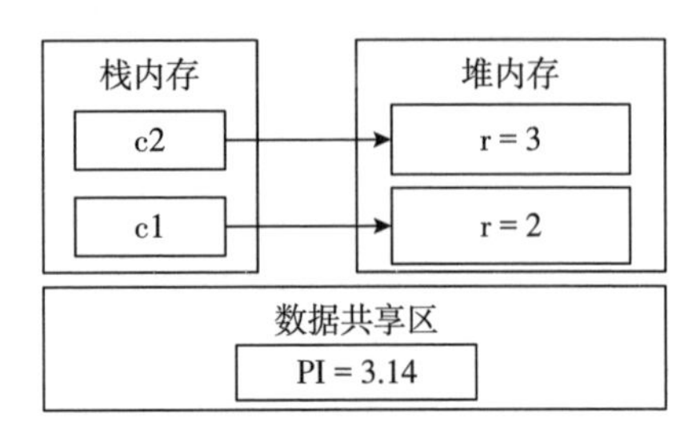

（b）static + final 修饰符的内存情况

图 3-8　静态常量数据成员内存变化情况

3.6　成员方法

成员方法是对象行为特征的抽象，Java 中的方法不能独立存在，所有的方法必须定义在类中，一个类或对象可以有多个成员方法，对象通过执行它的成员方法对传来的消息做出响应，完成特定的功能。成员方法一旦定义，便可在不同的程序段中多次调用，故可增强程序结构的清晰度，提高编程效率。

3.6.1　成员方法的分类

成员方法可以从不同维度进行分类，按成员方法的来源可将其分为：

（1）类库成员方法，由 Java 类库提供，用户只需要按照一定的调用格式使用这些成员方法。

（2）用户自定义类成员方法，是为了解决用户的特定问题，由用户自己编写的成员方法。

从成员方法的参数形式来看，可将其分为：

（1）无参成员方法，如 void printStar(){……}。

（2）带参成员方法，如 int add(int x,int y){……}。

3.6.2　成员方法的声明

成员方法的声明格式如下：

```
[修饰符] 返回值类型 成员方法名(形式参数表) [throws 异常表] {
    说明部分;
    执行语句部分;
}
```

（1）修饰符。修饰符可以是公共访问控制符 public、私有访问控制符 private、保护访问控制符 protected 等访问权限修饰符，也可以是静态成员方法修饰符 static、最终成员方法修饰符 final、本地成员方法修饰符 native、抽象成员方法修饰符 abstract 等非访问权限修饰符。

（2）返回类型。返回值的类型用 Java 允许的各种数据类型指明成员方法完成其所定义的功能后，运算结果值的数据类型。若成员方法没有返回值，则应在返回值的类型处写上关键字 void，以表明该方法无返回值。

（3）成员方法名。成员方法名也就是用户遵循标识符定义规则命名的标识符。

（4）形式参数表。成员方法可分为带参成员方法和无参成员方法两种。对于无参成员方法来说，无形式参数表这一项，但成员方法名后的一对圆括号不可省略；对于带参成员方法来说，形式参数表指明调用该方法所需要的参数个数、参数的名字及参数的数据类型，其格式为：

(形式参数类型 1 形式参数名 1，形式参数类型 2 形式参数名 2，……)

（5）throws [异常表]。它是指当该方法遇到一些方法的设计者未曾想到的异常（Exception）时如何处理。

3.6.3　方法体内的局部变量

方法体描述这个方法所要完成的功能，它由变量声明语句、赋值语句、流程控制语句、方法调用语句、返回语句等 Java 允许的各种语句成分组成，是程序设计中最复杂的部分。这里需要注意以下四点：

（1）在方法体内可以定义本方法所使用的变量，这种变量是局部变量，它的生存期与作用域是在本方法内的。也就是说，局部变量只在本方法内有效或可见，离开本方法则这些变量将被自动释放。

（2）在方法体内定义变量时，变量前不能加修饰符。

（3）局部变量在使用前必须明确赋值。

（4）可以在复合语句中定义变量，这些变量只在复合语句中有效，这种复合语句也被称为程序块。

局部变量示例程序：

```
package cn.edu.bjut.chapter3;

public class LocalVariableTester {
    static int add(int x, int y) {
        int z, d;
        z = x + y;
        //z = x + d; //出错,因为 d 还没有被赋值就使用了
        return z;
    }

    public static void main(String[ ] args) {
        int a = 2, b = 3;
        int f = add(a, b);
        System.out.println("f = " + f);
        //System.out.println("z = " + z); //出错, z 在 add 方法内, 离开 add 则被清除
        {
            int z = a + b;
            System.out.println("z = " + z);
        }
        //System.out.println("z = " + z);
    }
}
```

3.6.4　成员方法的返回值

如果在方法中有返回值，则在方法体中用 return 语句指明要返回的值。其格式为：

```
return 表达式;
```

或

```
return (表达式);
```

其中，表达式可以是常量、变量、对象等，且上述两种形式是等价的。此外，return 语句后面表达式的数据类型必须与成员方法中给出的“返回值的

类型”一致。

3.6.5　形式参数与实际参数

成员方法的参数分为两种，分别是形式参数与实际参数。

（1）形式参数。在声明成员方法时，后面括号中的变量名称称为形式参数（简称形参），形参变量只有在被调用时才会为其分配内存空间，在调用结束时，即刻释放所分配的内存空间。

（2）实际参数。主调函数中调用一个函数时，函数名后面括号中的参数称为实际参数（简称实参），即实参出现在主调函数中。实参可以是常量、变量、表达式、函数等，无论实参是何种类型的量，在进行函数调用时，它们都必须具有确定的值，以便把这些值传递给形参。因此，应预先用赋值、输入等办法使实参获得确定值。

引用成员方法的格式为：成员方法名（实参列表）。

注意：

（1）对于无参成员方法来说，是没有实参列表的，但方法名后的圆括弧不能省略。

（2）对于带参数的成员方法来说，实参的个数、顺序以及它们的数据类型必须与形式参数的个数、顺序以及它们的数据类型保持一致，各个实参间用逗号分隔。实参名与形参名可以相同，也可以不同。

（3）实参也可以是表达式，此时一定要注意使表达式的数据类型与形参的数据类型一致，或者使表达式的类型按 Java 类型转换规则达到形参指明的数据类型。

（4）实参变量对形参变量的数据传递是“值传递”或“引用传递”，取决于形参是简单变量还是对象变量。如果是简单变量做参数，则是值传递；如果对象变量做参数，则是引用传递。对于值传递的情形，程序中执行到引用成员方法时，Java 把实参值复制到一个临时的存储区（栈）中，形参的任何修改都在栈中进行，当退出该成员方法时，Java 自动清除栈中的内容。

形式参数与实际参数示例程序如下：

```
package cn.edu.bjut.chapter3;

public class ParameterTester {
    static void add(double x, double y) {
        double z;
        z = x + y;
        System.out.println("z = " + z);
        x = x + 3.2;
        y = y + 1.2;
        System.out.println("x = " + x + "\ty = " + y);
    }

    static double add2(double y1, double y2) {
        double z;
        z = y1 + y2 + 2.9;
        return z;
    }

    public static void main(String[] args) {
        int a = 2, b = 7;
        double f1 = 2, f2 = 4, f3;
        add(a, b); // 按 Java 的类型转换规则达到形参类型
        System.out.println("a = " + a + "\tb = " + b);
        // f3 = add2(f1, f2, 3.5); 错，实参与形参参数个数不一致
        f3 = 2 + add2(f1, f2);
        System.out.println("f1 = " + f1 + "\tf2 = " + f2 + "\tf3 = " + f3);
    }
}
```

3.6.6 成员方法引用注意事项

（1）如果被引用的方法存在于本文件中，而且是本类的方法，则可直接引用。

（2）如果被引用的方法存在于本文件中，但不是本类的方法，则要考虑类的修饰符与方法的修饰符来决定是否能引用。

（3）如果被引用的方法不是本文件中的方法，而是 Java 类库中的方法，

则必须在文件的开头处用 import 语句将引用有关库方法所需要的信息写入本文件中。

（4）如果被引用的方法是用户在其他文件中自己定义的方法，则必须通过 import 语句加载用户包的方式来引用。

3.6.7　成员方法的递归引用

前面讲述的程序都在一个方法中调用另一个方法。但是对于某些实际问题，方法调用自身会使程序更为简洁清晰，而且会使程序的执行逻辑与数理逻辑保持一致。例如，数学中对于 $n!$ 的定义是：当 $n=0$ 时，$n!=1$；当 $n>0$ 时，$n!=n(n-1)!$。这个定义是递归的，即在计算 $n!=n(n-1)!$ 时，会涉及 $(n-1)!$ 的计算。对于这样的问题，我们可以构造循环来求解，即用 $1\times2\times3\times\cdots\times(n-1)\times n$ 的算式求得结果。但是，由于它的定义本身是递归的，用递归算法实现则更符合数理逻辑。

阶乘计算的示例程序如下：

```
package cn.edu.bjut.chapter3;

public class Factorial {
    static int calculate(int n) {
        if (n == 0) {
            return 1;
        } else {
            return (n * calculate(n - 1));
        }
    }

    public static void main(String[] args) {
        int n = 5;
        System.out.println(n + "! = " + calculate(n));
    }
}
```

3.6.8　static 成员方法

类似于 static 数据成员，用 static 修饰的成员方法表示静态方法，可以直接通过类名来访问。被 static 修饰的成员方法表明归某个类所有，它不依赖于类的特定实例，而是被类的所有实例共享。只要这个类被加载，Java 虚拟机就能根据类名在运行时的方法区定位到它们。

static 成员方法的注意事项如下：

（1）用 static 修饰符修饰的方法被称为静态方法，它是属于整个类的类方法。

（2）static 方法是属于整个类的，它在内存中的代码段将随着类的定义而分配和装载。而非 static 方法是属于某个对象的方法，当这个对象被创建时，在对象的内存中拥有这个方法的专用代码段。

（3）引用静态方法时，可以使用对象名做前缀，也可以使用类名做前缀。

（4）static 方法只能访问 static 数据成员，不能访问非 static 数据成员，但非 static 方法可以访问 static 数据成员。

（5）static 方法只能访问 static 方法，不能访问非 static 方法，但非 static 方法可以访问 static 方法。

（6）static 方法不能被覆盖，也就是说，这个类的子类不能有相同名、相同参数的方法。

（7）常用的 main 方法是静态方法：public static void main(String[ ] args)。

3.6.9 final 成员方法

在面向对象的程序设计中，子类可以利用重载机制修改从父类那里继承的某些数据成员及成员方法。这种方法在给程序设计带来方便的同时，也给系统的安全带来了威胁。因此出于安全的考虑，父类不允许子类覆盖某个方法，此时可以使用 final 修饰符修饰这个方法，例如，在 java. lang. Object 类中，getClass( )方法就是 final 成员方法：public final Class<? > getClass( )。

本章习题

1. 定义一个 Date 类，兼顾大月、小月和闰年 2 月等日期的计算，须包括方法 tomorrow( )和 daysInMonth( )。

2. 国际专利分类号（IPC）的前 14 位由 section（部）、class（大类）、

subclass（小类）、maingroup（大组）和 subgroup（小组）五部分组成，每位的要求见表2-13，具体例子如“G06F 17/30”和“H01M 10/587”，定义一个 Ipc 类，通过 toString( )方法将这五部分拼接成 IPC 的实际表现形式。

3. 上题的 Ipc 类至少要包含两种构造方法：其中一种构造方法有五个参数（分别为部、大类、小类、大组和小组），另一种构造方法只有一个参数（以字符串形式表示的 IPC 分类号）。

第4章 封装、继承与多态

※ 熟悉面向对象的三大特性：封装、继承与多态（重点）。
※ 访问修饰符。
※ 成员方法覆盖、数据成员隐藏（难点）。
※ 多态：父类引用强转为子类引用（难点）。
※ 熟悉抽象类与抽象方法的用法（重点）。
※ 熟悉接口的用法（重点）。
※ 了解接口与抽象类的区别（难点）。
※ Java 8 新特性（难点）。

面向对象的三大特性包括封装、继承和多态。

4.1 封装

4.1.1 封装的概念

封装是面向对象系统的一个重要特性，是数据抽象思想的具体体现。封装也称为信息隐藏，是指利用抽象数据类型将数据和基于数据的操作封装在一起，使其构成一个不可分割的独立实体。数据被保护在抽象数据类型的内部，尽可能地隐藏内部的细节，只保留一些对外接口使之与外部发生联系。

系统的其他部分只能通过包裹在数据外面的被授权的操作来与这个抽象数据类型交流与交互。也就是说，用户无须知道对象内部方法的实现细节，但可以根据对象提供的外部接口（对象名和参数）访问该对象。

4.1.2　封装的特征

（1）在类的定义中设置访问对象属性（数据成员）及方法（成员方法）的权限，限制本类对象及其他类对象的使用范围，即该隐藏的隐藏，该公开的公开。

（2）提供一个接口来描述其他对象的使用方法。

（3）其他对象不能直接修改本对象所拥有的属性和方法。

（4）属性私有化后，则其他类不能直接使用“对象名.属性名”来访问，而要通过提供的 get()、set()方法来访问。

封装反映了事物的相对独立性。一方面，封装在编程上的作用是使对象以外的部分不能随意存取对象的内部数据（属性），从而有效地避免了外部错误对它的“交叉感染”。另一方面，当对象的内部做了某些修改时，由于它只通过少量的接口对外提供服务，因此大大减少了内部的修改对外部的影响。面向对象系统的封装单位是对象，类概念本身也具有封装的意义，因为对象的特性是由它所属的类说明来描述的。

封装特性示例程序：

```
package cn.edu.bjut.chapter4;

public class Circle1 {
   private double radius;

   public Circle1(double radius) {
      this.radius = radius;
   }

   public double getRadius() {
      return radius;
   }
```

```
    public void setRadius(double radius) {
        this.radius = radius;
    }

    public double area() {
        return (Math.PI * radius * radius);
    }

    public double perimeter() {
        return (2 * Math.PI * radius);
    }
}
```

```
package cn.edu.bjut.chapter4;

public class Circle2 {
    private double diameter;

    public Circle2(double radius) {
        this.diameter = 2 * radius;
    }

    public double getRadius() {
        return (diameter / 2);
    }

    public void setRadius(double radius) {
        this.diameter = radius * 2;
    }

    public double area() {
        return (Math.PI * diameter * diameter / 4);
    }

    public double perimeter() {
        return (Math.PI * diameter);
    }
}
```

```java
package cn.edu.bjut.chapter4;

public class CircleTester {
    public static void main(String[] args) {
        Circle1 c1 = new Circle1(5);
        Circle2 c2 = new Circle2(5);

        System.out.println(c1.area() + "\t" + c2.area());
        System.out.println(c1.perimeter() + "\t" + c2.perimeter());
    }
}
```

示例程序中 Circle1 类和 Circle2 类均为圆形类，Circle1 类的数据成员为半径（radius），Circle2 类的数据成员为直径（diameter），但二者对外的接口是完全相同的（getRadius()，setRadius()，area()，perimeter()），如图 4-1 所示。换句话说，从外界来看（具体见 CircleTester 类中的 main 方法），这两个类是相同的，尽管内容的实现细节不同，这就是封装的本质。

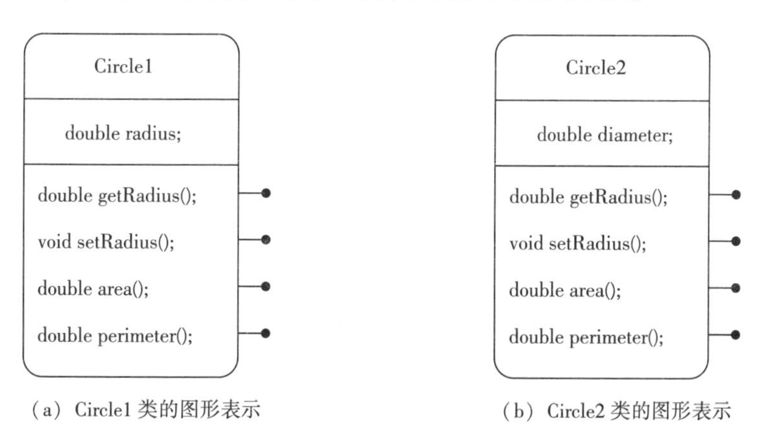

图 4-1　Circle1 和 Circle2 类的图形表示

4.2　继承

4.2.1　继承的概念

类之间的继承关系是现实世界中遗传关系的直接模拟，表示类之间的内在联系以及对属性和操作的共享，即子类继承父类的特征和行为，使子类对象（实例）具有父类的实例域和方法；或者子类从父类继承方法，使子类具有与父类相同的行为。

继承是 Java 语言面向对象编程技术的一块基石，采用继承的机制可以有效地组织程序的结构，设计系统的类，明确类之间的关系，利用已有的类来完成更复杂的开发，大大提高程序开发的效率，减少系统维护的工作量。生活中也存在类似的继承关系，例如，兔子和羊属于食草动物类，狮子和豹属于食肉动物类；食草动物和食肉动物又属于动物类。因此继承需要符合的关系是 is-a，父类更通用，子类更具体。虽然食草动物和食肉动物都属于动物，但是两者在属性和行为上有差别，因此子类会具有父类的一般特性，也会具有自身的特性。

把多个类的共性抽取出来，做成父类，这个过程叫作泛化。例如，老虎是动物的一种，既有老虎的特性，也有动物的共性。泛化和继承通常逻辑上要具备 is-a 的语义关系。例如，Dog is a type of animal；Student is a type of person。又如，计算机和主机，它们不是 is-a 语义关系，更像是 has-a 语义关系（即组成关系），因此通常不建议把它们设定成父类与子类的继承关系。

Java 语言通过关键字 extends 来指明继承关系，新定义的类称为指定父类的子类，这样就建立了继承关系。定义一个类继承另一个类的格式如下：

```
class 子类名 extends 父类名 {
    数据成员;
    成员方法;
}
```

注意：Java 语言只允许单继承，即一个类最多只有一个直接父类，但间接父类可以有多个，这显然与现实世界的情形不太相同。以图 4-2 为例，汽车类是载重汽车类和公共汽车类的直接父类，是运输工具类的直接子类，运输工具类还是载重汽车类和公共汽车类的间接父类。

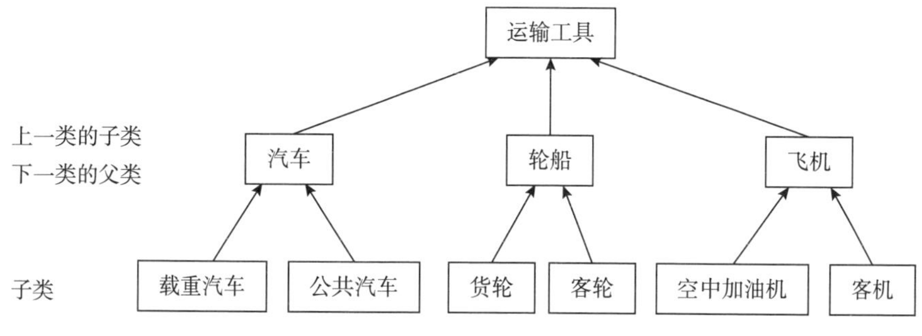

图 4-2　运输工具继承树示意图

1. 继承的优点

（1）子类可以重用父类的代码。

（2）提高代码的复用性。

（3）提高代码的可维护性，使设计应用程序变得简单。

（4）让类与类之间产生了关系，是多态的前提。

2. 继承的特点

（1）继承关系具有传递性。如果类 B 继承类 A，类 C 继承类 B，则类 C 既有从类 B 继承的属性和方法，也有从类 A 继承的属性和方法，同时还可以有自己新定义的属性和方法。

（2）子类可以继承父类的所有数据成员（包括静态成员）以及除父类构造方法外的所有成员方法（包括静态方法）。

（3）子类不能继承父类的构造方法，但在其构造方法中会隐含调用父类的默认构造方法。

（4）提供多重继承机制。一个类可以是多个一般类的特殊类，也可以从多个一般类中继承属性和方法，这就是多继承。多继承符合现实情形，如机器人（Robot）既有机器（Machine）的属性和方法，也是人（Person）的属性和方法，但是 Java 语言只有单继承，多继承需要使用类和接口（interface）来实现。

3. 为什么能继承父类的内容

（1）创建子类的过程是先创建父类，再创建子类。

（2）一个子类对象中会包含父类对象。

（3）对父类对象的私有数据成员和成员方法，子类可以继承但无法访问。

4.2.2 访问修饰符

Java 语言采用访问控制修饰符来控制父类及子类的方法和变量的访问权限，从而只向使用者暴露方法，但隐藏实现细节，继承中访问修饰符的特点见表 4-1。

表 4-1 继承中访问修饰符的特点

修饰符	范围	备注	继承描述	备注
private	本类内部	私有的	一定不能继承	其实是继承了，但不能访问
default	本类+同包的类	若不写修饰符，则是默认的 default；但 default 不能显式地修饰成员，只能采用不写的方式	不一定能继承	若父子类同包，则能继承；若父子类不同包，则不能继承
protected	本类＋同包＋不同包的子类	受保护的	一定能继承	同包、不同包的父子类都能继承
public	公开的所有的类	公开的	一定能继承	—

以银行卡为例，银行卡一般包括借记卡（Debit Card）和信用卡（Credit Card）两种，这两种银行卡都有账号和余额信息，除此之外，信用卡还有透支额度（或信用额度）信息。两种银行卡都可以有存款和取款的行为，存款行为对两种银行卡是相同的，通过存款行为来改变对应的余额信息；但是，取款行为对两种银行卡是不同的，借记卡取款的上限为余额，但信用卡取款的上限为余额与透支额度之和。通过以上分析，可以得到借记卡类（DebitCard）和信用卡类（CreditCard）的图形表示，如图 4-3 所示。从图 4-3 中可以看出，账号信息是可读、可写的，但余额信息只可读，不可写；而且借记卡类（DebitCard）和信用卡类（CreditCard）具有很多相同的特征和行为。对于这种情况，通常会设计一个银行卡（Card）父类，将共性信息（如 accountNumber、balance、deposit()、draw()）放在父类中。然而，由于取款行为对两种银行卡是不同的，因此银行卡（Card）父类将 draw()设置为抽象方法，相应的银行卡（Card）父类为抽象类。银行卡（Card）父类、借记卡子类（DebitCard）和信用卡子类（CreditCard）间的关系及图形表示如图 4-4 所示。

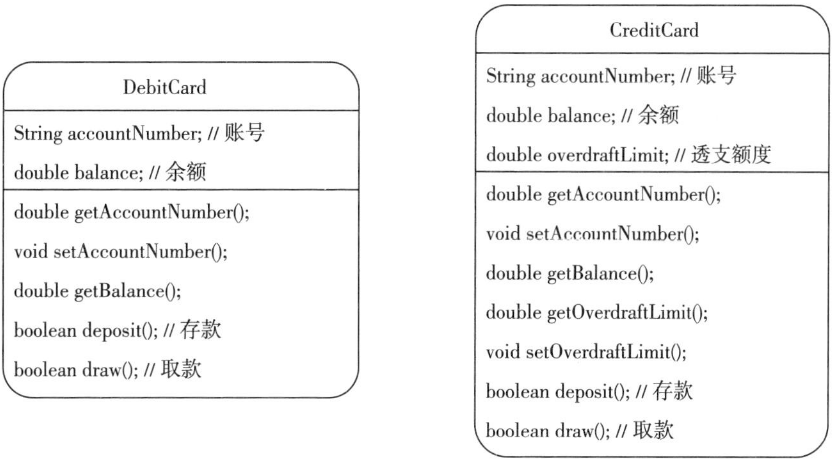

DebitCard

String accountNumber; // 账号
double balance; // 余额

double getAccountNumber();
void setAccountNumber();
double getBalance();
boolean deposit(); // 存款
boolean draw(); // 取款

（a）DebitCard 类的图形表示

CreditCard

String accountNumber; // 账号
double balance; // 余额
double overdraftLimit; // 透支额度

double getAccountNumber();
void setAccountNumber();
double getBalance();
double getOverdraftLimit();
void setOverdraftLimit();
boolean deposit(); // 存款
boolean draw(); // 取款

（b）CreditCard 类的图形表示

图 4-3　借记卡类（DebitCard）和信用卡类（CreditCard）的图形表示

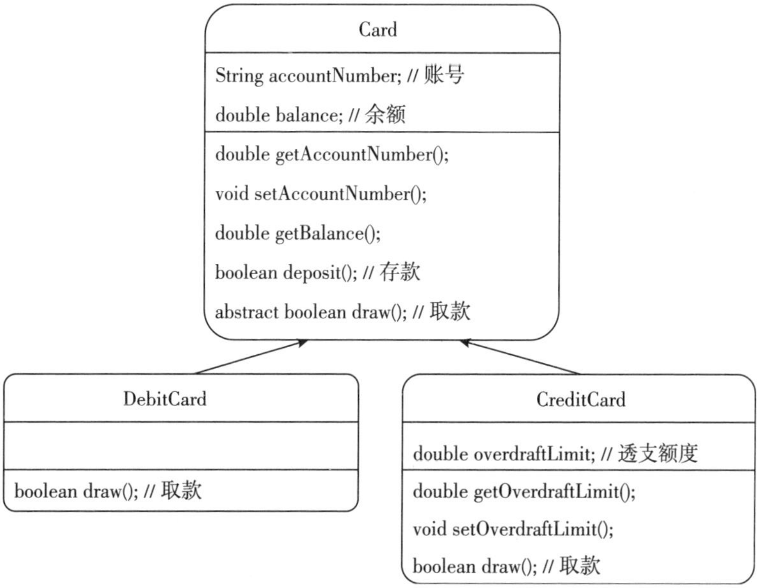

Card

String accountNumber; // 账号
double balance; // 余额

double getAccountNumber();
void setAccountNumber();
double getBalance();
boolean deposit(); // 存款
abstract boolean draw(); // 取款

DebitCard

boolean draw(); // 取款

CreditCard

double overdraftLimit; // 透支额度

double getOverdraftLimit();
void setOverdraftLimit();
boolean draw(); // 取款

图 4-4　银行卡父类（Card）、借记卡子类（DebitCard）和信用卡子类（CreditCard）的图形表示

银行卡示例程度：

父类：Card 类

```
package cn.edu.bjut.chapter4;

public abstract class Card {
    protected String accountNumber; // 账号
    protected double balance; // 余额

    public Card(String accountNumber, double balance) {
        this.accountNumber = accountNumber;
        this.balance = (balance >= 0 ? balance : 0);
    }

    public String getAccountNumber() {
        return this.accountNumber;
    }

    public void setAccountNumber(String accountNumber) {
        this.accountNumber = accountNumber;
    }

    public double getBalance() {
        return this.balance;
    }

    public boolean deposit(double money) {
        if (money <= 0) {
            return false;
        }

        this.balance += money;
        return true;
    }

    public abstract boolean draw(double money);
}
```

子类：DebitCard 类

```
package cn.edu.bjut.chapter4;

public class DebitCard extends Card {
    public DebitCard(String accountNumber, double balance) {
        super(accountNumber, balance);
    }

    @Override
    public boolean draw(double money) {
        if (balance < money) {
            return false;
        }

        balance -= money;
        return true;
    }
}
```

子类：CreditCard 类

```
package cn.edu.bjut.chapter4;

public class CreditCard extends Card {
    private double overdraftLimit; // 透支额度

    public CreditCard(String accountNumber, double balance, double overdraftLimit) {
        super(accountNumber, balance);
        this.overdraftLimit = overdraftLimit;
    }

    public CreditCard(String accountNumber, double overdraftLimit) {
        this(accountNumber, 0, overdraftLimit);
    }

    public double getOverdraftLimit() {
        return this.overdraftLimit;
    }
```

```
    public void setOverdraftLimit(double overdraftLimit) {
        this.overdraftLimit = (overdraftLimit >= 0 ? overdraftLimit : 0);
    }

    @Override
    public boolean draw(double money) {
        if (balance + overdraftLimit < money) {
            return false;
        }

        balance -= money;
        return true;
    }
}
```

测试类：CardTester 类

```
package cn.edu.bjut.chapter4;

public class CardTester {
    public static void main(String[] args) {
        System.out.println("------------    借记卡账户    ------------");
        Card debitCard = new DebitCard ("CHK20100117001", 100);
        System.out.println("取 90 元的结果: " + debitCard.draw(90));
        debitCard.deposit(90);
        System.out.println("取 120 元的结果: " + debitCard.draw(120));

        System.out.println("------------    信用卡账户    ------------");
        Card crebitCard = new CreditCard ("CHK20100117002", 100, 50);
        System.out.println("取 90 元的结果: " + crebitCard.draw(90));
        crebitCard.deposit(90);
        System.out.println("取 120 元的结果: " + crebitCard.draw(120));
        crebitCard.deposit(120);
        System.out.println("取 160 元的结果: " + crebitCard.draw(160));
    }
}
```

4.2.3 成员方法覆盖

在 Java 语言中，子类可以继承父类中的方法，而不需要重新编写相同的方法。但有时子类并不想原封不动地继承父类的方法，而是想做一定的修改，这就需要采用方法重写。

方法重写又称为方法覆盖（override），关于覆盖应注意以下事项：

（1）不使用 super 而希望引用父类方法会导致无限的递归，因为子类方法实际上是在调用其自己。

（2）方法覆盖中，子类在重新定义父类已有的方法时，应保持与父类完全相同的方法声明，即与父类完全相同的方法名、返回值和参数列表。

（3）当通过父类引用调用一个方法时，Java 语言会正确选择与那个对象对应的类的覆盖方法。JDK 5.0 以后，当返回类型不同时，父子类方法覆盖则返回类型也必须是父子类关系，也可覆盖。

（4）子类可以添加字段，也可以添加方法或者覆盖父类中的方法。然而，继承不能去除父类中的任何字段和方法。final 类是不可以被继承的，如 String 类是 final 类，故不可以被继承。

长方形和正方形示例程序：

父类：Rectangle 类

```
package cn.edu.bjut.chapter4;

public class Rectangle {
    protected int length, width;

    public Rectangle(int length, int width) {
        this.length = length;
        this.width = width;
    }

    public int area() {
        System.out.println(this.getClass().getName());
        return (length * width);
    }

    public int perimeter() {
        System.out.println(this.getClass().getName());
        return (2 * (length + width));
    }
}
```

子类：Square 类

```
package cn.edu.bjut.chapter4;

public class Square extends Rectangle {
    public Square(int length) {
        super(length, length);
    }

    public int area() {
        System.out.println(this.getClass().getName());
        return (length * length);
    }

    public int perimeter() {
        System.out.println(this.getClass().getName());
        return (length << 2);
    }
}
```

测试类：SquareTester 类

```
package cn.edu.bjut.chapter4;

public class SquareTester {
    public static void main(String[] args) {
        Rectangle rect = new Square(6);

        System.out.println(rect.area());
        System.out.println(rect.perimeter());
    }
}
```

4.2.4 数据成员隐藏

数据成员隐藏是指当子类中的数据成员与父类数据成员同名时，子类拥有两个相同名字的数据成员，一个继承父类，另一个是自己定义的，这时子类会“隐藏”父类数据成员，默认访问自己定义的数据成员。如果想要在子类中访问继承父类的同名数据成员，则使用 super. 数据成员名来访问。

数据成员的隐藏示例程序：

```
package cn.edu.bjut.chapter4;

class ClassA {
    int a = 20;
}

class ClassB extends ClassA {
    int a = 30;
    public void print() {
        System.out.println(a + "\t" + super.a);
    }
}

public class PropertyHiddenTester {
    public static void main(String[] args) {
        ClassB classB = new ClassB();
        classB.print();
    }
}
```

4.2.5　关键字 super

super 是指向父类的引用，如果构造方法没有显式地调用父类的构造方法，那么编译器会自动为它加上一个默认的 super() 方法调用。如果父类没有默认的无参构造方法，编译器就会报错，super() 语句必须是构造方法的第一个语句。

定义子类的一个对象时，会先调用子类的构造方法，然后调用父类的构造方法，如果父类足够多，则会一直调用到最终的父类构造方法。函数调用时会使用栈空间，因此按照入栈的顺序，最先进入的是子类的构造方法，然后才是邻近的父类构造方法，最后在栈顶的是最终的父类构造方法，构造方法则按照从栈顶到栈底的顺序依次执行。关键字 super 可以用于以下三种途径：

（1）直接调用父类隐藏的数据成员，使用形式：super. 数据成员。

（2）引用父类的方法，使用形式：super. 成员方法(参数)。

（3）调用父类的构造方法，使用形式：super()或者 super(参数)。语句 super()调用父类的无参构造方法，而语句 super(参数)调用与参数匹配的父类的构造方法。语句 super()和 super(参数)必须出现在子类构造方法的第一行，这是显式调用父类构造方法的唯一方式。程序示例可见第 4.2.2 节银行卡的例子。

4.2.6 子类的构造过程

当子类有多个间接父类时，构造子类对象会递归地构造父类对象，一层一层地构造父类对象，直到构造 Object 对象为止。如果在定义一个类时没有指定父类，那么这个类的父类就被默认为 Object。当一个类不写 extends 时，则该类就是 Object 的子类，不写 extends 等同于 extends Object。Object 类的图形表示如图 4-5 所示。

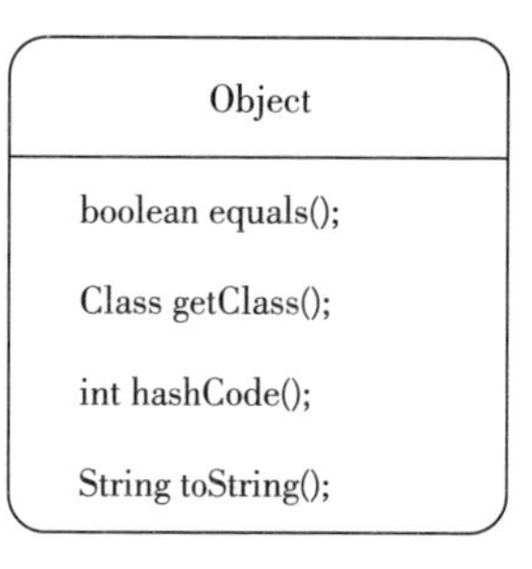

图 4-5　Object 类的图形表示

在构造每一个类的对象时，分四步执行：分配本类的空间→初始化本类的数据成员→调用本类的初始化代码块→调用本类的构造方法。

4.3 多态

面向对象的语言虽然有三大特性：封装、继承、多态，但判断一门语言是否是面向对象的，主要看其是否有多态，有些语言有对象，也有封装，如 JavaScript，但它没有继承，没有多态，因此不是面向对象的语言。

在正式介绍多态之前，首先界定以下两个概念：①对象类型。每个对象都有自己的类型，称为对象类型，对象类型是客观存在的类型，也叫作客观类型。②引用类型。引用类型是指把对象当作什么类型来看待，是一种主观的反映，也叫作主观类型。引用类型与对象类型可以不一致，但两者不一致时只能是引用类型为父类/父接口，对象类型为子类；若不是，则会出错。

当父类/父接口引用指向子类对象时，运行时会根据对象类型找子类的覆盖方法，调用子类的覆盖方法，这就是多态。

父类/父接口引用不能赋给子类引用，因为父类/父接口引用可能指向其他子类对象，若一定要这样做，则要进行强制类型转换。父类/父接口引用不能随便强转为子类类型，因为强转类型不一定正确。正确使用父类/父接口引用强转为子类类型，应先使用关键字 instanceof 来判断父类/父接口是否可以转为子类。

判断该引用所指向的子类对象是否与当前比较的类/接口兼容：父类/父接口引用 instanceof 子类名。该判断若返回 true，则兼容可转；若返回 false，则不可转。

示例程序：

父类：Person 类

```
package cn.edu.bjut.chapter4;

public class Person {
  protected String id; //身份证号
  protected String name; // 姓名
  protected char gender; // 性别

  public Person(String id, String name, char gender) {
    this.id = id;
    this.name = name;
    this.gender = gender;
  }

  public String getId() {
    return id;
  }

  public void setId(String id) {
    this.id = id;
  }
```

```
    public String getName() {
        return name;
    }

    public void setName(String name) {
        this.name = name;
    }

    public char getGender() {
        return gender;
    }

    public void setGender(char gender) {
        this.gender = gender;
    }
}
```

子类：Student 类

```
package cn.edu.bjut.chapter4;

public class Student extends Person {
    private String studentId; // 学号
    private String classNo; //班级

    public Student(String id, String name, char gender, String studentId, String classNo) {
        super(id, name, gender);

        this.studentId = studentId;
        this.classNo = classNo;
    }

    public String getStudentId() {
        return studentId;
    }

    public void setStudentId(String studentId) {
        this.studentId = studentId;
    }
```

```
    public String getClassNo() {
        return classNo;
    }

    public void setClassNo(String classNo) {
        this.classNo = classNo;
    }
}
```

子类：Teacher 类

```
package cn.edu.bjut.chapter4;

public class Teacher extends Person {
    private String teacherId; // 职工号
    private String title; //职称

    public Teacher(String id, String name, char gender, String teacherId, String title) {
        super(id, name, gender);
        this.teacherId = teacherId;
        this.title = title;
    }

    public String getTeacherId() {
        return teacherId;
    }

    public void setTeacherId(String teacherId) {
        this.teacherId = teacherId;
    }

    public String getTitle() {
        return title;
    }

    public void setTitle(String title) {
        this.title = title;
    }
}
```

测试类：PersonTester 类

```
package cn.edu.bjut.chapter4;

public class PersonTester {
    public static void main(String[] args) {
        Person p1 = new Student("123456789", "李文慧", '女', "052615", "05");
        Person p2 = new Teacher("987654321", "梁化祥", '男', "071235", "教授");

        System.out.println(p1.getId() + "\t" + p1.getName() + "\t"+ p1.getGender());
        //System.out.println(p1.getStudentId() + "\t" + p1.getClassNo());
        System.out.println(p2.getId() + "\t"+ p2.getName() + "\t"+ p2.getGender());
        //System.out.println(p2.getTeacherId() + "\t" + p2.getTitle());

        if (p1 instanceof Student) {
            Student stu = (Student) p1;
            System.out.println(stu.getStudentId() + "\t"+ stu.getClassNo());
        }

        if (p2 instanceof Teacher) {
            Teacher tea = (Teacher) p2;
            System.out.println(tea.getTeacherId() + "\t"+ tea.getTitle());
        }
    }
}
```

注意事项：①多态只存在于成员方法上，而不会发生在数据成员上，数据成员是没有多态的，即父类引用是不会根据子类对象找子类数据成员的；②多态通常指运行时多态，是在运行时才创建子类对象，调用子类的覆盖方法；③方法重载是编译时多态，编译时就决定了选择什么方法。

4.4 抽象类与抽象方法

由于接口与抽象类具有一定的相似性，因此在正式介绍接口之前，再重温一下抽象类与抽象方法的相关内容：

（1）凡是用 abstract 修饰符修饰的类，均被称为抽象类；凡是用 abstract 修饰符修饰的成员方法，均被称为抽象方法。

（2）抽象类中可以有零个或多个抽象方法，也可以包含非抽象方法（即具体方法）。

（3）抽象类中可以没有抽象方法，但有抽象方法的类必须是抽象类。

（4）对于抽象方法来说，在抽象类中只指定其方法名及其类型，而不书写其实现代码。

（5）抽象类可以派生子类，在抽象类派生的子类中必须实现抽象类中定义的所有抽象方法，否则派生的子类也必须是抽象类。

（6）抽象类不能创建对象，创建对象的工作由抽象类派生的子类来实现。

（7）如果父类中已有同名的 abstract 方法，则子类中就不能再有同名的抽象方法。

（8）abstract 不能与 final 并列修饰同一个类。

（9）abstract 不能与 private、static、final 或 native 并列修饰同一个方法。

（10）abstract 类中不能有 private 的数据成员或成员方法。

关于封闭形状的示例程序，共涉及四个类：Shape 父类、Circle 子类、Rectangle 子类和 Triangle 子类，图形表示如图 4-6 所示。

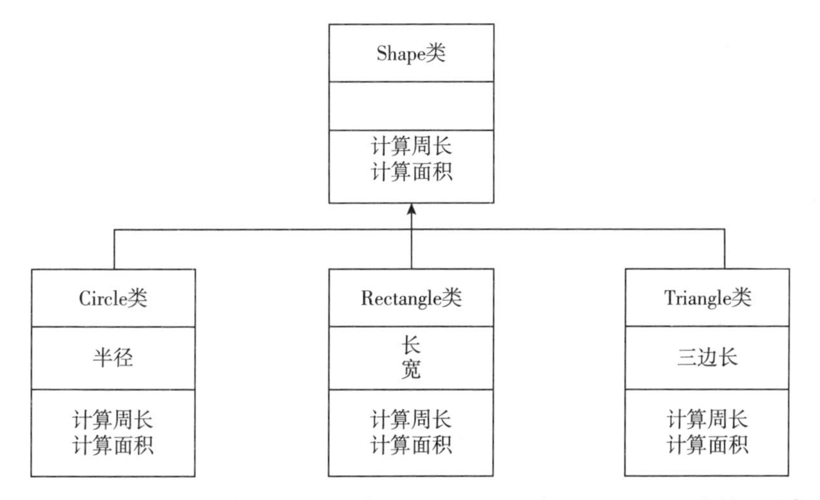

图 4-6　抽象 Shape 父类、Circle 子类、Rectangle 子类和 Triangle 子类的图形表示

封闭图形示例程序：

抽象父类：Shape 类

```
package cn.edu.bjut.chapter4_1;

public abstract class Shape {
    public abstract double area();
    public abstract double perimeter();
}
```

子类：Circle 类

```
package cn.edu.bjut.chapter4_1;

public class Circle extends Shape {
    private double radius;
    public Circle(double radius) {
        this.radius = radius;
    }

    @Override
    public double area() {
        return (Math.PI * radius * radius);
    }

    @Override
    public double perimeter() {
        return (2 * Math.PI * radius);
    }
}
```

子类：Rectangle 子类

```
package cn.edu.bjut.chapter4_1;

public class Rectangle extends Shape {
    private double length, width;

    public Rectangle(double length, double width) {
        this.length = length;
```

```
        this.width = width;
    }

    @Override
    public double area() {
        return (length * width);
    }

    @Override
    public double perimeter() {
        return (2 * (length + width));
    }
}
```

子类：Triangle 子类

```
package cn.edu.bjut.chapter4_1;

public class Triangle extends Shape {
    private double a, b, c;

    public Triangle(double a, double b, double c) {
        this.a = a;
        this.b = b;
        this.c = c;
    }

    @Override
    public double area() {
        double p = (a + b + c) / 2;
        return Math.sqrt(p * (p - a) * (p - b) * (p - c));
    }

    @Override
    public double perimeter() {
        return (a + b + c);
    }
}
```

4.5 接口

接口的主要作用是帮助实现多重继承的功能。在Java语言中，出于简化程序结构的考虑，不再支持类间的多重继承，而只支持单重继承，即一个类只能有一个直接父类。然而在解决实际问题的过程中，仅依靠单重继承在很多情况下并不能将问题的复杂性表述完整，需要其他的机制作为辅助。可以将接口看作纯粹的抽象类，它允许类的创建者为一个类建立如下形式：有方法名、参数列表和返回类型，但是没有任何方法体。

接口也可以包含数据成员，但它们都是隐含static和final的。接口只提供了形式，而未提供任何具体实现。一个接口表示所有实现了该特定接口的类看起来都像它，任何使用某特定接口的代码都知道可能会调用该接口的哪些方法，而且仅需要知道这些。因此，接口被用来建立类与类之间的协议。要想创建一个接口，需要用interface关键字来代替class关键字。就像类一样，可以在interface关键字前面添加public关键字，或者不添加public关键字而使其具有包访问权限。

4.5.1 接口的声明

1. 声明接口的格式

在Java语言中，声明接口的格式如下：

```
[修饰符] interface 接口名[extends 父接口名列表]{
   常量数据成员声明;
   抽象方法声明;
}
```

说明：

(1) interface是声明接口的关键字，可以把接口看作一个特殊类。

(2) 接口名要符合Java标识符规定。

(3) 修饰符有两种：public和默认。public修饰的接口可以被所有的类和接口使用，默认修饰符的接口只能被同一个包中的其他类和接口使用。

(4) 父接口列表，接口具有继承性。定义接口时，可以通过extends关键字声明该接口是某个已经存在的父接口的派生接口，它将继承父接口的所有数据成员和成员方法。与类的继承不同的是，一个接口可以有一个以上的父接口，它们之间用逗号分隔。

（5）数据成员默认都是 public final static 类型的（都可省略），必须被显式初始化，即数据成员为常量。

（6）成员方法默认都是 public abstract 类型的（都可省略），没有方法体。接口中没有构造方法，不能被实例化。一个接口不能实现（implements）另一个接口，必须通过类来实现它的抽象方法。方法体可以由 Java 语言书写，也可由其他语言书写。当由其他语言书写时，接口方法由 native 修饰。当类实现某个接口时，它必须实现接口中的所有抽象方法，否则这个类必须声明为抽象类。

2. 实现接口的注意事项

一个类要实现某个或者某几个接口时，需要注意以下事项：

（1）在类的声明部分，用 implements 关键字声明该类将要实现哪些接口。

（2）如果实现某接口的类不是抽象类，则在类的定义部分必须实现指定接口的所有抽象方法，即为所有抽象方法定义方法体，而且方法头部分应该与接口中的定义完全一致，即有完全相同的返回值和参数列表。

（3）如果实现某接口的类是抽象类，则它可以不实现该接口的所有方法。

（4）一个类在实现某接口的抽象方法时，必须使用完全相同的方法头。

（5）对于接口的抽象方法，其访问限制符都已指定为 public，所以类在实现方法时必须显式地使用 public 修饰符。

类、接口及其关系示意图如图 4-7 所示。具体来说，一个类（class）最多可以 extends 另外一个类（class），一个类（class）可以 implements 一个或多个接口（interface），一个接口（interface）可以 extends 一个或多个接口（interface），一个类（class）可以同时 extends 另外一个类（class）并 implements 一个或多个接口（interface）。

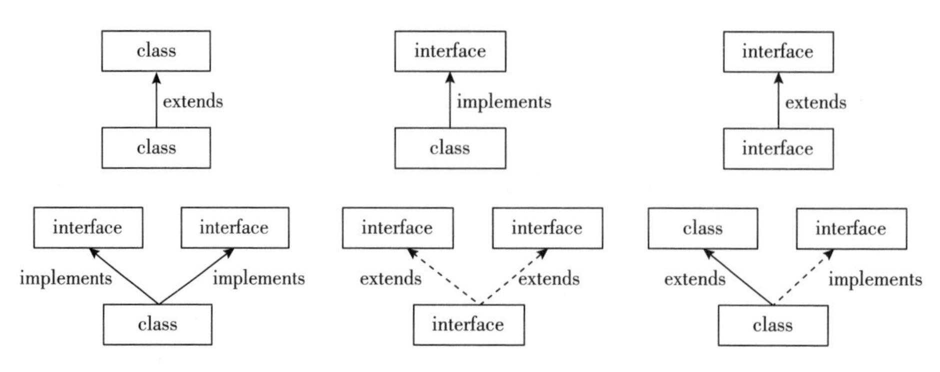

图 4-7　类、接口及其关系示意图

这里列举一个关于动物的示例程序，共涉及三个类（Animal 父类、Dog 子类、Pigeon 子类）和两个接口（Runnable 接口、Flyable 接口），图形表示如图 4-8 所示。

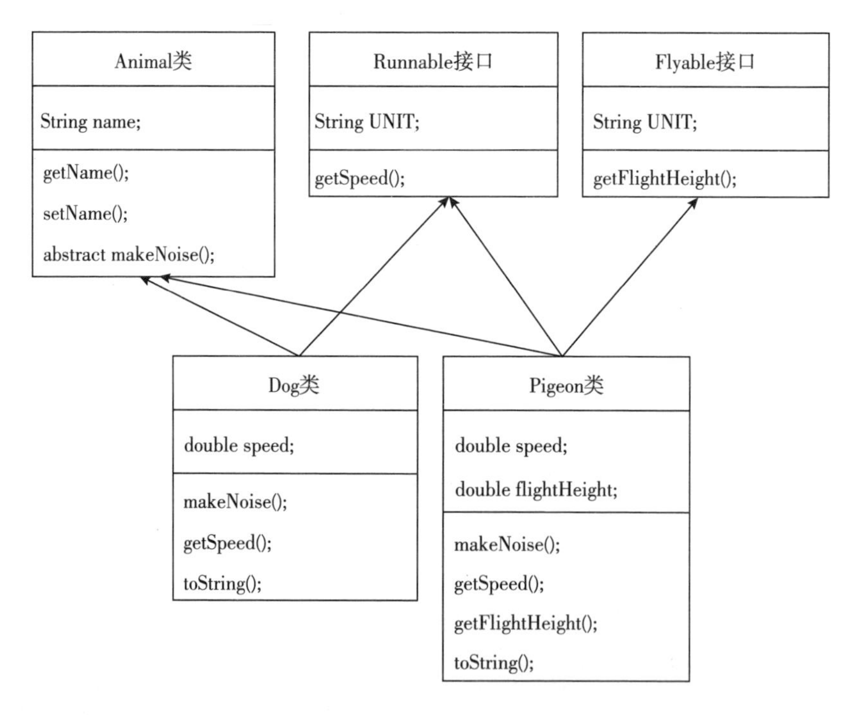

图 4-8　抽象 Animal 父类、Runnable 接口、Flyable 接口、Dog 子类和 Pigeon 子类的图形表示

接口示例程序：

抽象父类：Animal 类

```
package cn.edu.bjut.chapter4;

public abstract class Animal {
    protected String name;

    public Animal(String name) {
        this.name = name;
    }

    public String getName() {
        return name;
    }

    public void setName(String name) {
        this.name = name;
    }
    public abstract String makeNoise();
}
```

父接口：Runnable 接口

```
package cn.edu.bjut.chapter4;

public interface Runnable {
    String UNIT = "千米/小时";

    double getSpeed();
}
```

父接口：Flyable 接口

```
package cn.edu.bjut.chapter4;

public interface Flyable {
    String UNIT = "千米";

    double getFlightHeight();
}
```

子类：Dog 类

```
package cn.edu.bjut.chapter4;

public class Dog extends Animal implements Runnable {
    private double speed;

    public Dog(String name, double speed) {
        super(name);
        this.speed = speed;
    }

    @Override
    public String makeNoise() {
        return "汪! 汪! 汪! ";
    }

    @Override
    public double getSpeed() {
        return speed;
    }

    @Override
    public String toString() {
        return "Dog [奔跑速度: " + speed + Runnable.UNIT + "]";
    }
}
```

子类：Pigeon 类

```
package cn.edu.bjut.chapter4;

public class Pigeon extends Animal implements Flyable, Runnable {
    private double flightHeight;
    private double speed;

    public Pigeon(String name, double flightHeight, double speed) {
        super(name);
        this.flightHeight = flightHeight;
        this.speed = speed;
```

```
    }

    @Override
    public double getFlightHeight() {
        return flightHeight;
    }

    @Override
    public String makeNoise() {
        return "咕! 咕! 咕! ";
    }

    @Override
    public double getSpeed() {
        return speed;
    }

    @Override
    public String toString() {
        return "Pigeon [飞行高度: " + flightHeight + Flyable.UNIT
            + ", 奔跑速度: " + speed + Runnable.UNIT + "]";
    }
}
```

测试类：AnimalTester 类

```
package cn.edu.bjut.chapter4;

public class AnimalTester {
    public static void main(String[] args) {
        Dog dog = new Dog("小毛绒", 20);
        Pigeon pigeon = new Pigeon("捣蛋鬼", 0.5, 5);

        System.out.println(dog);
        System.out.println(pigeon);
    }
}
```

4.5.2 接口与抽象类的异同

1. 接口与抽象类的共同点

（1）接口和抽象类都不能被实例化，它们都位于继承树的顶端，用于被其他类实现或继承。

（2）接口和抽象类都可以包含抽象方法，实现接口或继承抽象类的普通类都必须实现这些抽象方法。

2. 接口与抽象类的不同点

（1）接口里只能包含抽象方法，不能为普通方法提供方法实现（默认方法和静态方法除外）；抽象类则可以包含普通方法。

（2）接口里只能定义常量，不能定义普通成员变量；抽象类里则既可以定义普通成员变量，也可以定义常量。

（3）接口里不包含构造方法；抽象类可以包含构造方法，其中的构造方法并不是用于创建对象的，而是让其子类调用这些构造方法来完成属于抽象类的初始化操作。

（4）接口里不能包含初始化块，而抽象类则可以包含初始化块。

（5）抽象类和普通类一样，只能继承一个父类，但不能继承接口；而接口可以继承多个父接口，但不能继承类。

（6）一个类只能有一个直接父类，包括抽象类；但一个类可以实现多个接口，从而可以弥补 Java 语言单继承的不足。

JDK 8 以后，允许接口实现默认（default）方法和静态（static）方法。

示例程序：

```
package cn.edu.bjut.chapter4;

interface Drawable {
  void draw();

  default void msg() {
    System.out.println("default method");
  }
```

```
    static int cube (int x) {
        return (x * x * x);
    }
}

class Circle implements Drawable {
    @Override
    public void draw() {
        System.out.println("drawing circle");
    }
}

public class InterfaceNewFeatureTester {
    public static void main(String[] args) {
        Drawable d = new Circle();
        d.draw();
        d.msg();
        System.out.println(Drawable.cube(3));
    }
}
```

本章习题

1. 专利文档中不仅有 IPC 分类号，还有 CPC 分类号，CPC 的格式与 IPC 类似，但多了两个字段——position 和 value，这两个字段取值为单个字符，请重写 Ipc 类和 Cpc 类，并增加一个父类 Classification。

2. 仔细观察身边的事物，对其进行抽象化处理，要求包括父类和父接口等。

第5章 数组与字符串

※ 掌握一维数组的声明及初始化（重点）。

※ 理解增长原理、赋值及参数传递方式（难点）。

※ 掌握对象数组的使用（重点）。

※ 掌握二维数组的声明及初始化（重点）。

※ 掌握 String、StringBuffer 和 StringBuilder（重点、难点）。

5.1 数组的概念

数组是指一组数据的集合，数组中的每个数据称为元素，在 Java 语言中，数组也是一个对象，可以有属性，但没有方法。数组中的元素可以是任意类型（包括基本类型、类和接口），但同一个数组里只能存放类型相同的元素。数组中各元素是有先后顺序的，它们在内存中按照这个先后顺序连续存放在一起。数组元素用整个数组的名字和其在数组中的顺序位置来表示。例如，a[0]表示名字为 a 的数组中的第一个元素，a[1]表示数组 a 中的第二个元素，依此类推。

5.2　一维数组

只有一个下标的数组称为一维数组，它是数组的基本形式。建立一维数组通常包括声明数组、创建数组对象和初始化数组三步。

5.2.1　一维数组的声明

一维数组的声明首先要确定数组名、数组的维数和数组元素的数据类型。声明数组的格式如下：

```
类型说明符 数组名[];
类型说明符[] 数组名;
```

例如：

```
int a[];
int[] b;
```

注意：声明一个数组变量，不指定数组长度。此时，只给数组分配栈内存空间，而不分配堆内存空间，如图 5-1 所示。

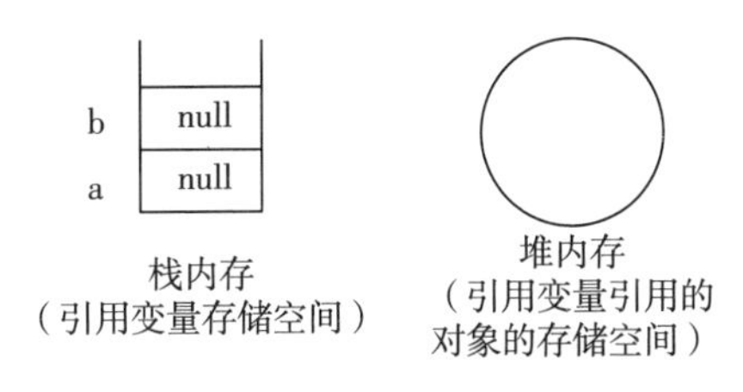

图 5-1　声明时数组对象的内存分配

5.2.2　一维数组的初始化

初始化就是自变量创建后首次赋值的过程。

1. 直接指定初始值来创建数组对象

用直接指定初始值的方式创建数组对象，是在声明数组的同时进行初始化，就是将数组元素的初始值依次写入赋值号（=）后的一对花括号内，各个元素值间用逗号分隔，给这个数组的所有元素赋上初始值，有多少个初始值也就确定了数组的长度。直接指定初始值的格式如下：

```
int[] a = {23, -9, 38, 8, 65};
```

语句中声明数组名为 a，数组元素的数据类型为整型（int），有 5 个初始值，因此数组元素的个数为 5。数组名 a 是一个地址，是数组的引用，如图 5-2 所示。a. length 的值是数组的长度，length 是数组的属性。注意：Java 语言不允许 a++和 a--操作。初始化工作完成后，栈内存和堆内存空间的分配如图 5-3 所示。

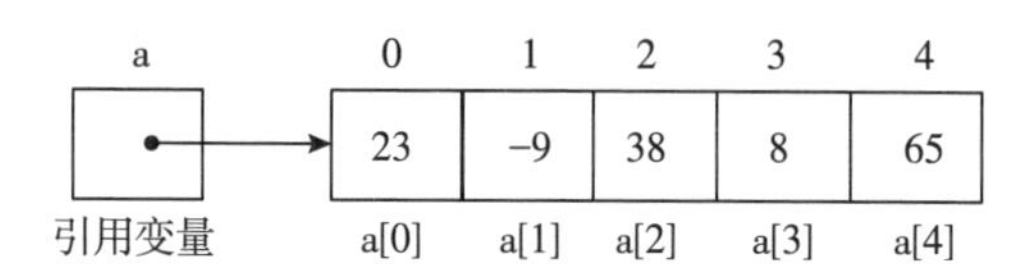

图 5-2　数组对象 a 及其引用的数组内容

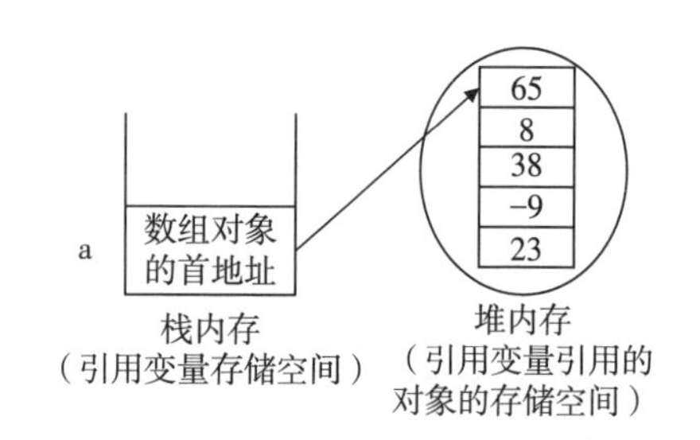

图 5-3　初始化后数组对象的内存分配

2. *用关键字 new 初始化数组*

用关键字 new 创建数组对象有如下两种方式。

（1）先声明数组，再初始化数组。

```
int[] a; // 数组的声明语句
a = new int[10]; // 初始化, 创建数组对象
```

注意：上面语句中的数组声明和初始化类型标识符必须一致。

（2）在声明数组的同时，用关键字 new 初始化数组。

```
int[] a = new int[10];
```

无论采用哪种方式，Java 语言按照默认初始化原则进行初始化。对于基本数据类型的数组，每个元素的默认初始化值为：int：0；long：0L；float：0. 0f；double：0. 0；char：'\u0000'；boolean：false。图 5-4 所示为用关键字 new 初始化后的整型（int）数组。对于对象类型的数组，每个元素的默认初

始化值为 null，如 String[ ]str = new String[10]，图 5-5 所示为用关键字 new 初始化后的 String 类型数组。

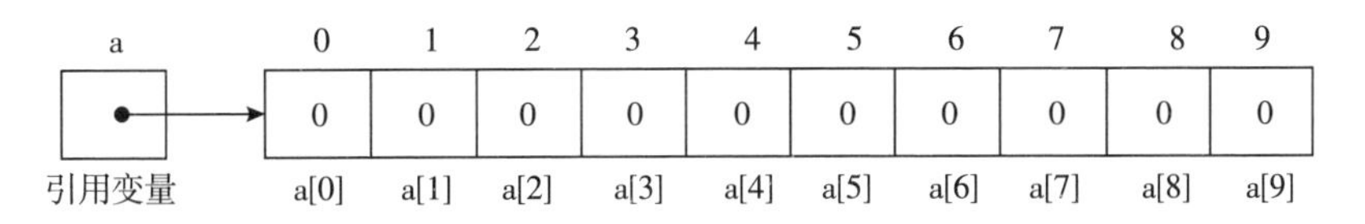

图 5-4　用关键字 new 初始化后的整型（int）数组

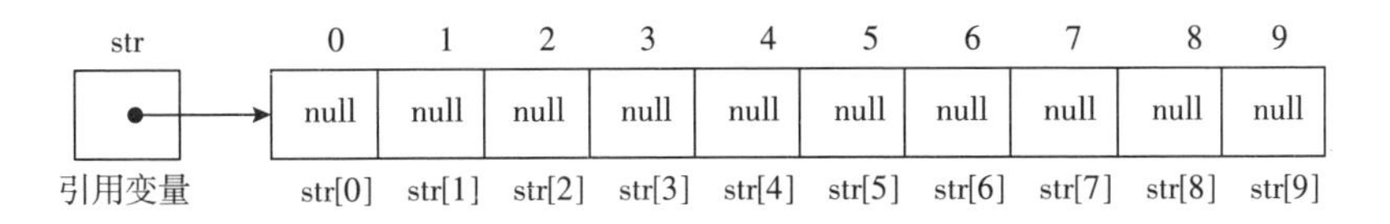

图 5-5　用关键字 new 初始化后的 String 类型数组

3. 一维数组的显式初始化注意事项

（1）正确：int[ ] a = {3，7，54，24，98，1，0，5}；在定义数组 a 时就分配空间并初始化。

（2）正确：int[ ] b = new int[ ] {4，6，8，32}；第二个 [ ] 中间必须为空，后面才能用 {} 来初始化；这里产生了两个对象（数组对象，数组名引用）。

（3）错误：int[ ] b1 =new int[4] {8，4，3，1}；第二个 [ ] 中间有值，则后面不能使用 {} 来初始化。

一维数组示例程序：

```
package cn.edu.bjut.chapter5;

public class Array1DTester {
  public static void main(String[] args) {
    int a[] = new int[5];
    for (int i = 0; i < a.length; i++) {
      a[i] = i;
    }
```

```
        for (int i = a.length - 1; i >= 0; i--) {
            System.out.println("a[" + i + "] = " + a[i]);
        }

        int[] b = new int[] { 4, 6, 8, 32 };
        for (int i = 0; i < b.length; i++) {
            System.out.println("b[" + i + "] = " + b[i]);
        }
    }
}
```

设数组中有$n(n \geqslant 2)$个互不相同的数，不用排序求出其中的最大值和次大值的示例程序：

```
package cn.edu.bjut.chapter5;

public class MinMax {
    public static void main(String[] args) {
        int maxVal, submaxVal;
        int a[] = { 8, 50, 20, 7, 81, 55, 76, 93 };

        if (a[0] > a[1]) {
            maxVal = a[0];
            submaxVal = a[1];
        } else {
            maxVal = a[1];
            submaxVal = a[0];
        }

        for (int i = 2; i < a.length; i++) {
            if (a[i] > maxVal) {
                submaxVal = maxVal;
                maxVal = a[i];
            } else if (a[i] > submaxVal) {
                submaxVal = a[i];
            }
        }

        System.out.println(maxVal + "\t" + submaxVal);
    }
}
```

5.2.3　数组的增长原理

Java 语言中数组的增长原理是重新分配空间，将原来的数组数据复制到新空间中（见图 5-6），并让数组名指向新的数组首址。

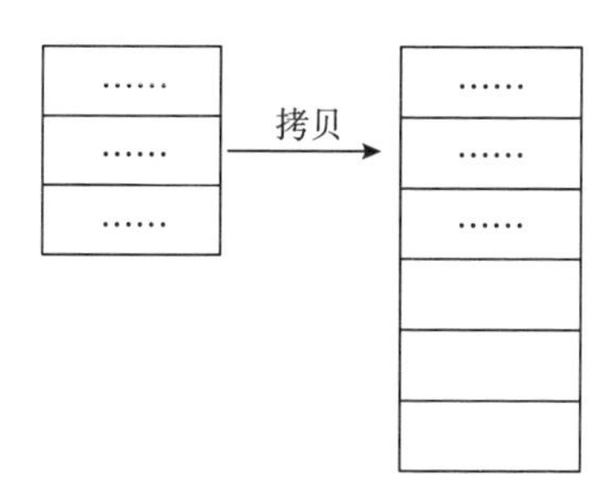

图 5-6　数组增长原理示意图

数组增长原理示例程序：

```
package cn.edu.bjut.chapter5;

public class ExpandArray {
  static int[] expand(int[] m) {
    int[] n = new int[m.length * 2];
    for (int j = 0; j < m.length; j++) {
      n[j] = m[j];
    }

    return n;
  }

  static int[] expand2(int[] m) {
    int[] n = new int[m.length * 2];
    System.arraycopy(m, 0, n, 0, m.length);

    return n;
  }

  public static void main(String[] args) {
    int[] a = new int[] { 4, 6, 8, 32 };
    int[] b = expand(a);
    int[] c = expand2(a);
```

```
        for (int i = 0; i < b.length; i++) {
            System.out.println(b[i]);
        }

        for (int i = 0; i < c.length; i++) {
            System.out.println(c[i]);
        }
    }
}
```

5.2.4 数组的赋值及参数传递

1. 数组名之间的赋值

Java 语言允许两个类型相同但数组名不同的数组相互赋值，赋值后的结果是两个类型相同的数组名指向同一数组对象。

数组名之间赋值示例程序：

```
package cn.edu.bjut.chapter5;

public class ArrayAssignment {
    public static void main(String[] args) {
        int[] a = { 2, 5, 8, 25, 36 };
        int[] b = { 90, 3, 9 };

        b = a;
        System.out.println(a.length + "\t" + b.length);
        for (int i = 0; i < a.length; i++) {
            System.out.print(a[i] + " ");
        }

        System.out.println();

        for (int i = 0; i < b.length; i++) {
            System.out.print(b[i] + " ");
        }
        System.out.println();
    }
}
```

图 5-7 所示为赋值语句执行前后数组的指向情况。

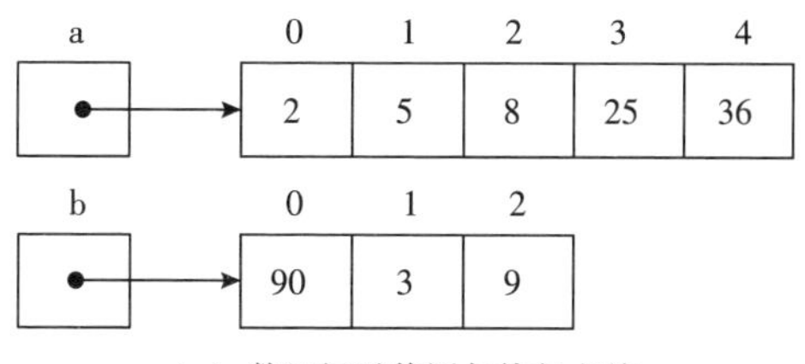

（a）数组间赋值语句执行之前

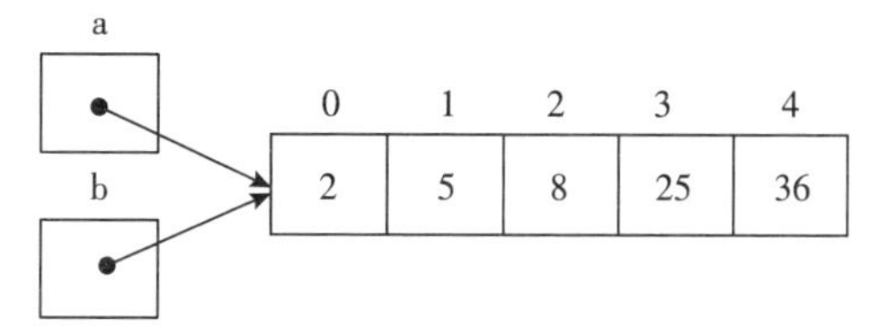

（b）数组间赋值语句执行之后

图 5-7　赋值语句执行前后数组的指向情况

2. 数组元素及数组名传递

数组元素作为方法的实参时，如果数组元素是基本数据类型，则是单向值传递；如果数组元素是对象数据类型，则是双向地址传递，即引用传递。数组名作为方法的实参时，是双向地址传递，即引用传递。

数组元素及数组名传递示例程序：

```
package cn.edu.bjut.chapter5;

public class ArrayPassPara {
  public static int add(int a, int b) {
    a += 5;
    b += 6;
    return (a + b);
  }

  public static void add(int[] a) {
    for (int i = 0; i < a.length; i++) {
      a[i] += 2;
    }
  }

  public static void main(String[] args) {
    int[] a = new int[] { 4, 6, 8, 32 };
```

```
        add(a[0], a[1]);
        for (int i = 0; i < a.length; i++) {
            System.out.println(a[i]);
        }

        add(a);
        for (int i = 0; i < a.length; i++) {
            System.out.println(a[i]);
        }
    }
}
```

5.2.5 对象数组

实际问题中，往往需要把不同类型的数据组合成一个有机的整体（对象）。对象数组就是数组里的每个元素都是类的对象，赋值时先定义对象，然后将对象直接赋给数组的相应元素。例如，一个学生的姓名、性别、年龄和各科学习成绩等都与这位学生相关，而一个班的学生又都具有这些属性。在面向对象的程序设计中把每一位学生看作一个对象，因此学生的成绩表就是由多个对象组成的，见表5-1。

表5-1 学生成绩表

姓名	性别	年龄	高数	英语	Java语言
Li	F	19	89.0	86.5	91.5
He	M	18	90.0	83.5	90.5
Zhang	M	20	78.5	91.0	88.5
……	……	……	……	……	……

对象数组示例程序：

```
package cn.edu.bjut.chapter5;

public class Student {
    private String name;
    private char gender;
```

```
private int age;
private double[ ] scores;

public Student(String name, char gender, int age, double[ ] scores) {
  this.name = name;
  this.gender = gender;
  this.age = age;
  this.scores = scores;
}

public String getName( ) {
  return name;
}

public void setName(String name) {
  this.name = name;
}

public char getGender( ) {
  return gender;
}

public void setGender(char gender) {
  this.gender = gender;
}

public int getAge( ) {
  return age;
}

public void setAge(int age) {
  this.age = age;
}

public double[ ] getScores( ) {
  return scores;
}
```

```
    public void setScores(double[] scores) {
        this.scores = scores;
    }

    @Override
    public String toString() {
        StringBuilder sb = new StringBuilder();
        sb.append(name + "\t" + gender + "\t" + age);
        for (int i = 0; i < scores.length; i++) {
            sb.append("\t" + scores[i]);
        }

        return sb.toString();
    }
}
```

```
package cn.edu.bjut.chapter5;

public class ObjectArrayTester {
    public static void modifyAge(Student stu) {
        stu.setAge(21);
    }

    public static void main(String[] args) {
        Student[] students = new Student[3];

        students[0] = new Student("li", 'F', 19, new double[] {89, 86, 69});
        students[1] = new Student("he", 'M', 18, new double[] {90, 83, 76});
        students[2] = new Student("zhang", 'M', 20, new double[] {78, 91, 80});

        for (int i = 0; i < students.length; i++) {
            System.out.println(students[i]);
        }

        modifyAge(students[0]);
        System.out.println(students[0]);
    }
}
```

5.3　二维数组

在 Java 语言中，二维数组被看作数组的数组，即二维数组是一个特殊的一维数组，其每个元素又是一个一维数组。Java 语言并不直接支持二维数组，但是允许定义数组元素是一维数组的一维数组，以得到同样的效果。最根本的原因是计算机存储器的编址是一维的，也就是说，存储单元的编号从 0 开始一直连续编到最后一个最大的编号。二维数组中使用两个下标：一个表示行，另一个表示列。同一维数组一样，每个下标索引值都是 int 型的，从 0 开始。

5.3.1　二维数组的声明

二维数组的声明和一维数组的声明类似，区别在于声明二维数组时需要给出两对方括号，声明格式如下：

```
类型说明符 数组名[][];
类型说明符[][] 数组名;
```

例如：

```
int a[][];
int[][] a;
```

上面的声明格式中的类型说明符可以是 Java 的基本类型、类或接口，而数组名须遵循标识符的命名规则，两个方括号中前面的方括号表示行，后面的方括号表示列。

5.3.2　二维数组的初始化

二维数组的初始化与一维数组的初始化一样，主要包括三个方面：一是为数组对象在对象存储区中分配存储空间，二是对数组对象进行初始化，三是将新创建的数组对象与数组名关联起来。二维数组初始化可以通过默认初始化和显式初始化两种方式来完成。

1. 二维数组的默认初始化

用 new 关键字初始化数组，先声明，再初始化数组，声明数组后可以通过以下两种方式来初始化：

```
数组名 = new 类型说明符[数组长度][];
数组名 = new 类型说明符[数组长度][数组长度];
```

例如：

```
int arra[][]; // 声明二维数组
arra = new int[3][4]; // 初始化二维数组
```

上面两个语句声明并创建了一个 3 行×4 列的规整型 arra 数组。换句话说，arra 数组中有 3 个元素，而每一个元素又都指向长度为 4 的一维数组，实际上共有 12 个元素，如图 5-8 所示。而第二条语句则等价于以下 4 条语句。

```
arra = new int[3][]; // 创建包含 3 个元素的数组,且每个元素也是一个数组
arra[0] = new int[4]; // 创建 arra[0]元素的数组
arra[1] = new int[4]; // 创建 arra[1]元素的数组
arra[2] = new int[4]; // 创建 arra[2]元素的数组
```

也等价于：

```
arra = new int[3][];
for (int i = 0; i < arra.length; i++) {
  arra[i] = new int[4];
}
```

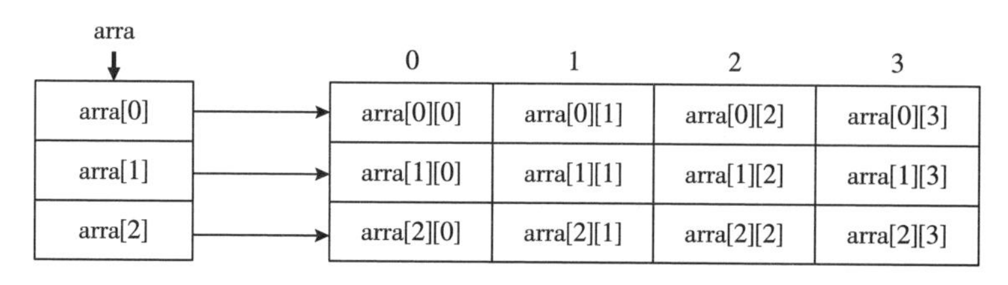

图 5-8　规整型 arra 数组的各元素值

如果希望创建一个不规整型数组，可参考以下代码（此时各元素值如图 5-9 所示）。

```
int[][] arra = new int[3][]; // 创建包含 3 个元素的数组,且每个元素也是一个数组
arra[0] = new int[4]; // 创建 arra[0]数组,4 个元素
arra[1] = new int[2]; // 创建 arra[1]数组,2 个元素
arra[2] = new int[3]; // 创建 arra[2]数组,3 个元素
```

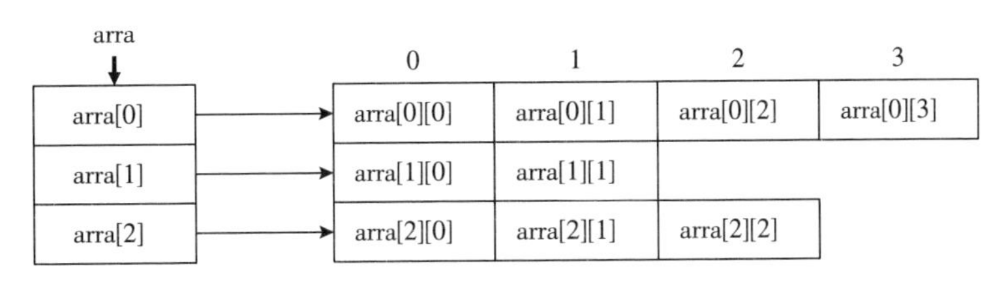

图 5-9　不规整型 arra 数组的各元素值

2. 二维数组的显式初始化

用直接指定初值的方式创建二维数组对象，是在声明数组的同时创建数组对象，将数组元素的初值依次写入赋值号后的一对嵌套花括号内。

例如，3 行×3 列规整型数组：

```
int[][] a = {{3, -9, 6}, {8, 0, 1}, {11, 9, 8}};
```

采用直接指定初值方式创建数组对象时，各子数组元素的个数可以不同，即不规整型数组。例如：

```
int[][] b = {{3, -9}, {8, 0, 1}, {10, 11, 9, 8}};
```

5.3.3　二维数组的本质

一维数组相当于一条线，二维数组相当于一个平面。二维数组本质上是一维数组的一维数组，见表 5-2。

表 5-2　二维数组实例

a[0][0] = 3	a[0][1] = -9	a[0][2] = 6
a[1][0] = 8	a[1][1] = 0	a[1][2] = 1
a[2][0] = 11	a[2][1] = 9	a[2][2] = 8

二维数组在 Java 语言中的实现如图 5-10 所示，在图中每一行被看成一个数组元素，三行的数组被看成只有三个数组元素，这三个元素又是由三个数组元素组成的。

第0行			第1行			第2行		
第0列	第1列	第2列	第0列	第1列	第2列	第0列	第1列	第2列
3	−9	6	8	0	1	11	9	8

第0行的数组元素　第1行的数组元素　第2行的数组元素

图 5-10　二维数组在 Java 语言中的实现

矩阵（Matrix）示例程序：

```
package cn.edu.bjut.chapter5;

public class Matrix {
  private double[][] values;
  private int nrows, ncols;

  public Matrix(int nrows, int ncols) {
    this.nrows = nrows;
    this.ncols = ncols;
    this.values = new double[nrows][ncols];
  }

  //假设 values 为规整型二维数组
  public Matrix(double[][] values) {
    this.nrows = values.length;
    this.ncols = values[0].length;
    this.values = values;
  }

  public Matrix add(Matrix mat) {
    if (nrows != mat.nrows || ncols != mat.ncols) {
      return null;
    }

    double[][] newValues = new double[nrows][ncols];
    for (int i = 0; i < nrows; i++) {
      for (int j = 0; j < ncols; j++) {
        newValues[i][j] = values[i][j] + mat.values[i][j];
      }
    }
```

```
    return (new Matrix(newValues));
}

public Matrix substract(Matrix mat) {
    if (nrows != mat.nrows || ncols != mat.ncols) {
        return null;
    }

    double[][] newValues = new double[nrows][ncols];
    for (int i = 0; i < nrows; i++) {
        for (int j = 0; j < ncols; j++) {
            newValues[i][j] = values[i][j] - mat.values[i][j];
        }
    }

    return (new Matrix(newValues));
}

public Matrix multiplicate(Matrix mat) {
    if (ncols != mat.nrows) {
        return null;
    }

    double[][] newValues = new double[nrows][mat.ncols];
    for (int i = 0; i < nrows; i++) {
        for (int j = 0; j < mat.ncols; j++) {
            double sum = 0;
            for (int k = 0; k < ncols; k++) {
                sum += values[i][k] * mat.values[k][j];
            }
            newValues[i][j] = sum;
        }
    }

    return (new Matrix(newValues));
}
```

```
    @Override
    public String toString() {
        StringBuilder sb = new StringBuilder();
        for (int i = 0; i < nrows; i++) {
            for (int j = 0; j < ncols; j++) {
                sb.append("\t" + values[i][j]);
            }
            sb.append("\n");
        }

        return sb.toString();
    }
}
```

```
package cn.edu.bjut.chapter5;

public class MatrixTester {
    public static void main(String[] args) {
        double[][] values1 = { { 1, 2, 3 }, { 4, 5, 6 }, { 7, 8, 9 } };
        double[][] values2 = { { 9, 8, 7 }, { 6, 5, 4 }, { 3, 2, 1 } };

        Matrix mat1 = new Matrix(values1);
        Matrix mat2 = new Matrix(values2);

        System.out.println("matrix1: ");
        System.out.println(mat1);

        System.out.println("matrix2: ");
        System.out.println(mat2);

        System.out.println("matrix1 + matrix2: ");
        System.out.println(mat1.add(mat2));

        System.out.println("matrix1 - matrix2: ");
        System.out.println(mat1.substract(mat2));

        System.out.println("matrix1 * matrix2: ");
        System.out.println(mat1.multiplicate(mat2));
    }
}
```

5.4 字符串

字符串是字符的序列，有两种类型的字符串：一种是创建的对象在操作中不能变动和修改字符串的内容，只能进行查找和比较等操作，称为字符串常量，在Java语言中，String类用于存储和处理字符串常量；另一种创建的对象在操作中可以更改字符串的内容，可以进行添加、插入、修改之类的操作，称为字符串变量，在Java语言中，StringBuffer类和StringBuilder类用于存储和操作字符串变量。

5.4.1 String类

1. 创建String对象

任何字符串常量都是String类的对象，只不过在没有明确命名时，Java语言自动为其创建一个匿名String类的对象。

创建String类的对象，例如：

```
String str = "Java 语言";
```

表示将String类的对象“Java语言”的首地址赋值给引用变量str，String类的对象一经创建，就有一个专门的成员方法来记录它的长度，如图5-11所示。

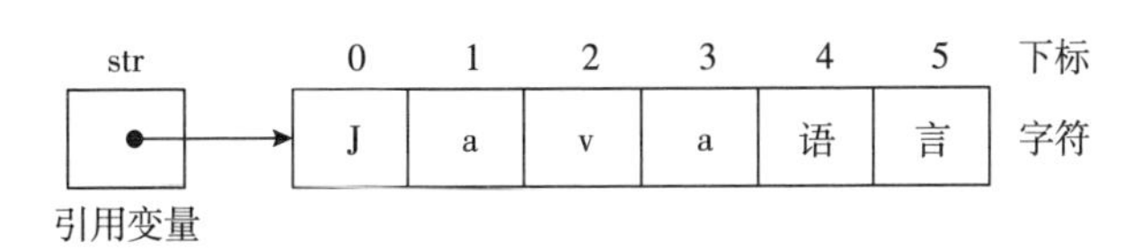

图5-11　str关联字符串对象示意图

2. String类的构造方法

String类的对象表示的是字符串常量，一个字符串常量创建以后就不能被修改，因此在创建String类对象时，通常需要向构造方法传递参数来指定创建的字符串的内容。表5-3所列为String类的常用构造方法。

表 5-3　String 类的常用构造方法

构造方法	功能说明
String()	创建一个空字符串对象
String(byte[] bytes)	用 byte 型数组 bytes，按默认的字符编码创建字符串对象
String(byte[] bytes,Charset charset)	用 byte 型数组 bytes，按 charset 字符编码创建字符串对象
String(byte[] bytes,int offset,int length)	从 byte 型数组 bytes 中下标为 offset 的字节开始，按默认的字符编码创建有 length 个元素的字符串对象
String(byte[] bytes,int offset,int length,Charset charset)	从 byte 型数组 bytes 中下标为 offset 的字节开始，按 charset 字符编码创建有 length 个元素的字符串对象
String(char[] value)	用字符型数组 value 创建字符串对象
String(char[] value,int offset,int count)	从字符型数组 value 中下标为 offset 的字符开始，创建有 count 个元素的字符串对象
String(String original)	用字符串对象 original 创建一个新的字符串对象，新创建的字符串是 original 的拷贝
String(StringBuffer buffer)	构造一个新的字符串，其值为 buffer 的当前内容
String(StringBuilder builder)	构造一个新的字符串，其值为 builder 的当前内容

3. 串池

创建字符串对象的方式有两种：通过字符串字面常量赋值和通过构造方法创建，这两种方式是有区别的。字符串字面常量存储在串池里，在串池中的字符串不重复存储。通过构造方法创建是在堆内存里创建一个字符串对象，每创建一个对象都会重新分配空间，不管内容是否相同。例如：str1 与 str2 指向的地址相同，都在串池里；str3 与 str4 指向的地址不同，但所指向地址存储的内容相同，如图 5-12 所示。

示例程序：

```
String str1 = "123";
String str2 = "123";
String str3 = new String("456");
String str4 = new String("456");
```

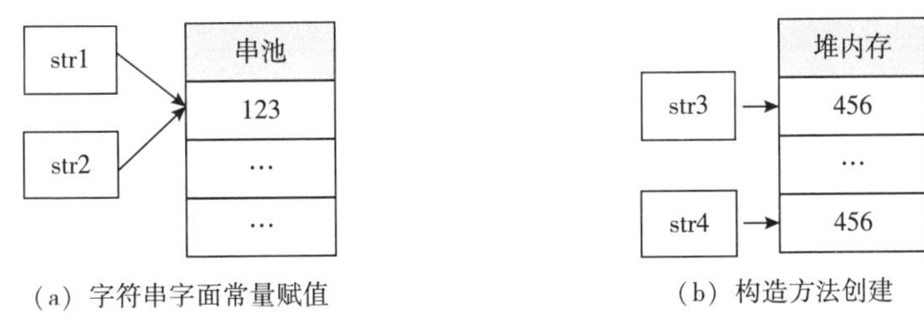

(a) 字符串字面常量赋值　　(b) 构造方法创建

图 5-12　两种创建字符串对象方式的差异示意图

4. String 类的常用成员方法

创建 String 类的对象后，使用相应的成员方法可以对创建的对象进行操作，其常用成员方法见表 5-4。

表 5-4　String 类的常用成员方法

成员方法	功能说明
char charAt(int index)	返回当前字符串对象下标 index 处的字符
int compareTo(String str)	比较当前字符串对象与 str 对象所指向字符串内容的大小(大小写敏感)。如果前者大于后者，则返回一个正整数；如果前者小于后者，则返回一个负整数；如果二者相同，则返回零
int compareToIgnoreCase(String str)	比较当前字符串对象与 str 对象所指向字符串内容的大小(大小写不敏感)。如果前者大于后者，则返回一个正整数；如果前者小于后者，则返回一个负整数；如果二者相同，则返回零
String concat(String str)	将 str 对象所指向字符串连接到当前对象所指向字符串的尾部，返回新的字符串对象
boolean contains(CharSequence s)	判断当前对象所指向字符串是否包括字符序列 s，如果包括，则返回 true；否则，返回 false
boolean endsWith(String suffix)	判断当前对象所指向字符串是否以 suffix 结尾，如果以 suffix 结尾，则返回 true；否则，返回 false
boolean equals(Object object)	当 object 不为 null 且当前字符串对象与 object 所指向的字符串内容完全相同时（大小写敏感），返回 true；否则，返回 false
boolean equalsIgnoreCase(String str)	当 str 不为 null 且当前字符串对象与 str 所指向的字符串内容完全相同时（大小写不敏感），返回 true；否则，返回 false
int hashCode()	返回当前字符串对象的哈希（hash）码

续表

成员方法	功能说明
int indexOf(int ch)	在当前字符串对象中从头向后查找字符 ch，返回第一次出现的下标；若找不到，则返回-1
int indexOf(int ch,int fromIndex)	在当前字符串对象中从下标 fromIndex 向后查找字符 ch，返回第一次出现的下标；若找不到，则返回-1
int indexOf(String str)	在当前字符串对象中从头向后查找字符串 str，返回第一次出现时首字符的下标；若找不到，则返回-1
int indexOf(String str,int fromIndex)	在当前字符串对象中从下标 fromIndex 向后查找字符串 str，返回第一次出现时首字母的下标；若找不到，则返回-1
int lastIndexOf(int ch)	在当前字符串对象中从尾向前查找字符 ch，返回第一次出现的下标；若找不到，则返回-1
int lastIndexOf(int ch,int fromIndex)	在当前字符串对象中从下标 fromIndex 向前查找字符 ch，返回第一次出现的下标；若找不到，则返回-1
int lastIndexOf(String str)	在当前字符串对象中从尾向前查找字符串 str，返回第一次出现时首字符的下标；若找不到，则返回-1
int lastIndexOf(String str, int fromIndex)	在当前字符串对象中从下标 fromIndex 向前查找字符串 str，返回第一次出现时首字母的下标；若找不到，则返回-1
int length()	返回当前字符串对象的长度
boolean matches(String regex)	判断当前对象所指向字符串是否符合正则表达式 regex 的规则，如果符合，则返回 ture；否则，返回 false
String replace(char oldChar, char newChar)	将当前对象所指向字符串的字符 oldChar 替换为字符 newChar，返回新的字符串对象
String replace(CharSequence target,CharSequence replacement)	将当前对象所指向字符串的字符序列 target 替换为字符序列 replacement，返回新的字符串对象
String replaceAll(String regex, String replacement)	将当前对象所指向字符串中满足正则表达式 regex 的所有字符序列替换为字符序列 replacement，返回新的字符串对象
String replaceFirst(String regex, String replacement)	将当前对象所指向字符串中满足正则表达式 regex 的第一个字符序列替换为字符序列 replacement，返回新的字符串对象
String[] split(String regex)	以正则表达式 regex 作为分割符，将当前对象所指向字符串分割为多个子字符串，形成 String 类型的数组返回
boolean startsWith(String prefix)	判断当前对象所指向字符串是否以 prefix 开头，如果以 prefix 开头，则返回 true；否则，返回 false
String substring(int beginIndex)	返回当前字符串对象从 beginIndex 开始到结尾的子串

续表

成员方法	功能说明
String substring(int beginIndex, int endIndex)	返回当前字符串对象位于区间［beginIndex，endIndex）的子串
char[ ] toCharArray( )	把当前字符串对象转换为 char 型数组
String toLowerCase( )	将当前对象所指向字符串转换为小写形式，返回新的字符串对象
String toUpperCase( )	将当前对象所指向字符串转换为大写形式，返回新的字符串对象
String trim( )	移除当前对象所指向字符串前后的空白字符（包括空格、TAB 键、换行符等），返回新的字符串对象
String valueOf(type symbol)	将 type 类型的 symbol 转换为 String 对象，type 可以为 boolean、char、char[ ]、double、float、int、long 或 Object

5. 字符串连接操作

对于 String 类，可以使用“+”运算符连接字符串，但使用“+”连接字符串时，每次都需要重新分配空间，之前分配的空间将变为垃圾，很浪费空间。因此在大量连接字符串时，最好选择使用 StringBuilder 类或 StringBuffer 类。

以图 5-13 为例，Java 语言将同时为“A”“AB”“ABC”“ABCD”和“ABCDE”分配相应的空间，但只有“ABCDE”是该实例关心的，其他空间的内容将变为垃圾，然后由 JVM 中的垃圾回收器（GC）回收。

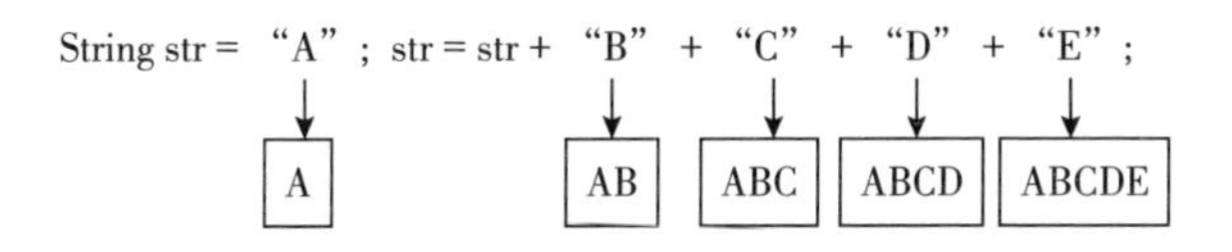

图 5-13　字符串连接操作实例

6. main 方法中的参数

main 方法的声明与其他方法的声明类似，它以 String 类型的数组 args 为参数。main 方法看起来就像一个带参数的普通方法，可以通过传递实参调用一个普通方法，但运行程序时可以从命令行给 main 方法传递字符串参数。

main 方法通过命令行捕捉参数示例程序：

```
package cn.edu.bjut.chapter5;

public class MainTester {
    public static void main(String[ ] args) {
        int[ ]a = new int[args.length];

        for (int i = 0;i < args.length; i++) {
            a[i] = Integer.parseInt(args[i]);
        }

        int sum = 0;
        for (int i = 0;i < a.length; i++){
            sum += a[i];
        }
        System.out.println(sum);
    }
}
```

5.4.2 StringBuffer 类和 StringBuilder 类

字符串处理在实际编程中经常用到，通常采用 String 类来完成与文本有关的操作。实际上，String 类对于处理小数据量字符串确实很有用，但是如果所处理的字符串数据量较大，则 String 类会大量消耗系统资源。为了避免过多的资源消耗，Java 语言引入了 StringBuffer 类和 StringBuilder 类。由于 StringBuffer 类和 StringBuilder 类有很多相同的构造方法与成员方法，为了避免冗余，本书将以 StringBuffer 为例进行介绍。

1. StringBuffer 类的构造方法

StringBuffer 类提供了多种构造方法，见表 5-5。

表 5-5　StringBuffer 类的构造方法

构造方法	功能说明
StringBuffer( )	创建一个空字符串缓冲区，默认初始长度为 16 个字符

续表

构造方法	功能说明
StringBuffer(CharSequence seq)	用 seq 所指向的字符序列创建一个字符串缓冲区，长度为 seq 所指向字符序列的长度再加 16 个字符
StringBuffer(int capacity)	创建一个空字符串缓冲区，初始长度为 capacity 个字符
StringBuffer(String str)	用 str 所指向的字符串创建一个字符串缓冲区，长度为 str 所指向字符串的长度再加 16 个字符

2. StringBuffer 类的成员方法

创建一个 StringBuffer 对象后，同样可以使用它的成员方法对创建的对象进行处理，常用成员方法见表 5-6。

表 5-6　StringBuffer 类的常用成员方法

成员方法	功能说明
StringBuffer append(type symbol)	将 type 类型的 symbol 追加到当前字符串缓冲区的末尾，type 可以为 boolean、char、char[ ]、CharSequence、double、float、int、long、Object、String 或 StringBuffer
StringBuffer append(char[ ] str,int offset,int len)	将 char 型数组从下标 offset 开始的 len 个字符追加到当前字符串缓冲区的末尾
StringBuffer append(CharSequence s,int offset,int len)	将字符序列 s 从下标 offset 开始的 len 个字符追加到当前字符串缓冲区的末尾
int capacity()	返回当前字符串缓冲区的容量
int length()	返回当前字符串缓冲区中的字符数量
char charAt(int index)	返回当前字符串缓冲区中下标 index 处的字符
void setCharAt(int index,char ch)	将当前字符串缓冲区中下标 index 处的字符修改为 ch
StringBuffer delete(int start,int end)	删除当前字符串缓冲区中位于区间 [start，end) 中的字符，返回当前对象
StringBuffer deleteCharAt(int index)	删除当前字符串缓冲区中位于下标 index 处的字符，返回当前对象
StringBuffer insert(int offset,type symbol)	将 type 类型的 symbol 转换为字符串，插入当前字符串缓冲区下标为 offset 的位置，type 可以为 boolean、char、char[ ]、CharSequence、double、float、int、long、Object 或 String

续表

成员方法	功能说明
StringBuffer insert(char[ ] str, int offset, int len)	将 char 型数组从下标 offset 开始的 len 个字符插入当前字符串缓冲区下标为 offset 的位置
StringBuffer insert(CharSequence s, int offset, int len)	将字符序列 s 从下标 offset 开始的 len 个字符插入当前字符串缓冲区下标为 offset 的位置
String toString()	转换为 String 类型对象返回

3. StringBuffer 类与 StringBuilder 类的区别

StringBuffer 与 StringBuilder 都是可变字符串，StringBuilder 类是 JDK5 后才有的，它与 StringBuffer 的不同之处主要体现在安全和效率方面。

（1）StringBuffer 的效率较低，支持同步，可在多线程环境中使用，很安全。

（2）StringBuilder 的效率较高，不支持同步，只能在单线程环境中使用，不安全。

本章习题

1. 完善 Matrix 类，补充矩阵转置方法（transpose），以及提取特定行（getRow）与特定列（getColumn）的方法。

2. 编写一个类 CharCounter，当给定一个字符串时，可以统计其中英文字母及数字出现的频次，并且可以查询特定字符出现的频次。

3. 给定五篇专利文献，每篇专利文献的信息见表 5-7，在第 4 章作业的基础上，将这五篇专利文献存放在数组中。

表 5-7　五篇专利文献的信息

专利申请号（Application No.）	申请日期（Application Date）	IPC 分类号	CPC 分类号	Position	Value
14725838	2015-05-29	A23B 5/04，A23B 5/045	A23B 5/04，A23B 5/45，A23L 15/20	F	I

续表

专利申请号（Application No.）	申请日期（Application Date）	IPC 分类号	CPC 分类号	Position	Value
14814205	2015-07-30	A61H 33/00，C01B 33/107，E04B 1/84	A61H 33/6063，A61H 33/6042	F	I
15189723	2016-06-22	D04B 1/00	B65H 2301/44514，C01B 33/1071，F16F 15/2，H01L 27/14641	L	A
14711011	2015-05-13	B32B 17/10，B32B 27/32	G06F 3/485	L	A
14515267	2014-10-15	F16F 15/02，G09G 5/34，G06F 3/0485	A01B 15/06，A01B 15/06	L	I

第 6 章 集合类

※ 掌握 List 接口的常用方法（重点）。
※ 实现类 ArrayList 以及 LinkedList。
※ 掌握 Set 接口的常用方法（重点）。
※ 实现类 HashSet。
※ 掌握接口 SortedSet 以及实现类 TreeSet。
※ 掌握匿名类的用法（难点）。
※ 掌握 Map 接口的常用方法（难点）。
※ 实现类 HashMap、HashTable、LinkedHashMap、TreeMap。

6.1 集合和集合框架

6.1.1 集合

集合（Collection）类似于 C++中的容器（container），可以用来管理、存储其他对象，作用类似于数组。数组可以存储一组具有基本类型的数据或者对象，它的长度是固定的，常用于线性结构中元素的顺序存储。但是在编写程序时经常不清楚元素的数量，就不能使用数组来存储，此时需要使用 Java 语言中的集合。集合就是将常用的数据结构、方法封装成不同的类，并封装好相应的方法，简化编程，方便使用。Java 语言提供的基本集合如下：

（1）Set：不保证元素的次序，但保证没有重复元素。

（2）List：列表集合，元素间有序，允许有重复元素。

（3）Map：映射集合，每个元素包含 key-value 对（键-值对），key 不能重复，但 value 可以重复。

（4）Queue：队列集合，强调对象先进先出的操作顺序。

（5）Stack：栈集合，强调对象先进后出的操作顺序。

6.1.2　集合框架

为了更好地应用这些类，又将这些封装好的类的共性抽象出来做成一系列的接口，这些接口和实现类统称为集合框架。集合框架是管理其他多个对象的对象。

接口表示集合的抽象数据类型，java.util 包中的核心集合接口及其关系如图 6-1 所示，图中列出的核心集合接口封装了不同类型的集合，提供了不同集合的独立操作。需要说明的是，图 6-1 中尖括号中的大写字母（如 T、E、K 和 V）表示相应集合中元素的类型，通常需要在编程时明确，因此集合类经常被称为泛型类型。

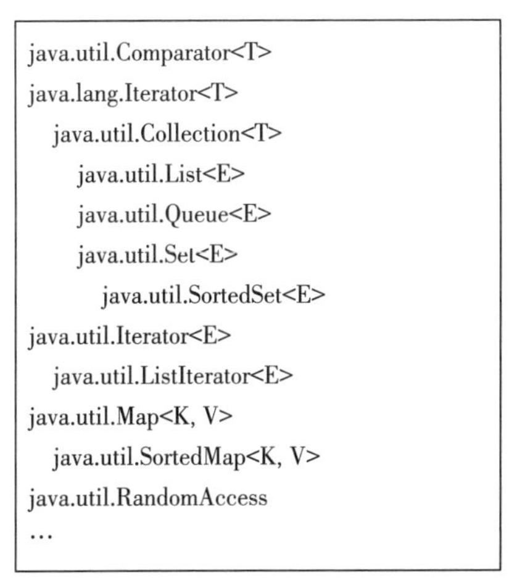

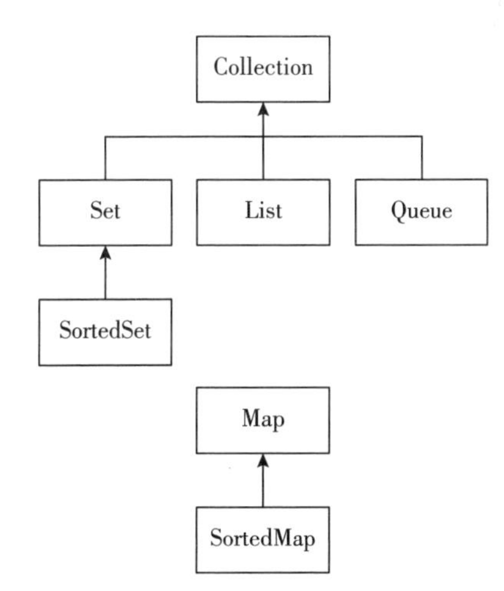

图 6-1　核心集合接口及其关系

图 6-2 给出了核心集合接口及主要实现类，以 Linked 为前缀的实现类，

如 LinkedHashSet、LinkedList 和 LinkedHashMap，底层是用链表实现的。链表的特点是增删快、查询慢，在内存中链表是一块一块的不连续空间。

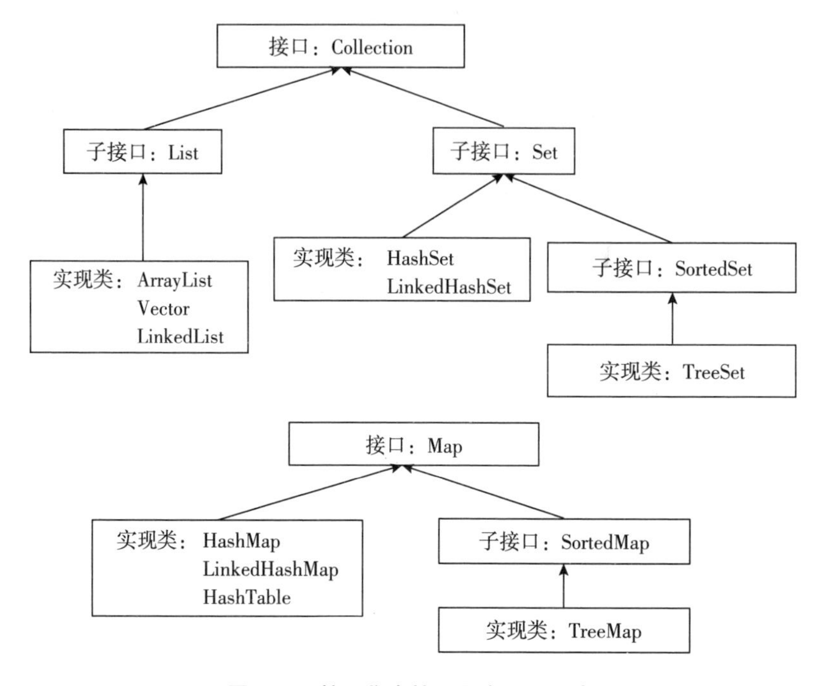

图 6-2　核心集合接口及主要实现类

1. List 的实现类 ArrayList 和 Vector 的区别

ArrayList：高效，不安全，不支持并发，是在 JDK1.3 中推出的。

Vector：低效，安全，支持并发，是在 JDK1.3 之前推出的。

2. Map 的实现类 HashMap 和 HashTable 的区别

HashMap：高效，不支持并发，key 和 value 都允许为 null。

HashTable：低效，支持并发，key 和 value 都不允许为 null。

6.1.3　迭代器

每种集合都是可迭代的（Iterable），通过获得集合的迭代器（Iterator）对象来遍历集合中的所有元素。Iterator 是一种经典的设计模式，用于在不需要暴露数据是如何保存在数据结构中的细节情况下，来遍历一个数据结构。Collection 接口继承自可迭代（Iterable）接口。Iterable 接口中定义了 iterator( )方法，该方法会返回一个 Iterator 接口类型的对象。Iterator 接口为遍历各种类型的集合中的元素提供一种统一的方法。Iterable 接口是可迭代接口，实现了 Iterable 接口的类都可以通过 Iterator 来迭代访问元素，Iterator 接口中声明的成员方法见表 6-1。

表 6-1　Iterator 接口的常用成员方法

成员方法	功能说明
boolean hasNext()	返回集合中是否还有元素可迭代，返回 true 则可迭代，返回 false 则不可迭代
E next()	返回当前迭代指针指向的元素
default void remove()	删除迭代器指针指向的当前元素

6.2　List 接口和实现类

List 接口是 Collection 接口的子接口，是 Collection 的有序集合，使用此接口能够精确地控制每个元素插入的位置。为实现线性结构提供一个框架，List 接口继承了 Collection 接口，因此它包含了 Collection 接口的所有方法。List 接口的常用成员方法见表 6-2。

表 6-2　List 接口的常用成员方法

成员方法	功能说明
boolean add(E e)	在最后追加元素 e
void add(int index,E e)	在 index 下标处插入元素 e
boolean addAll(Collection<? extends E> c)	将集合 c 中的所有元素插入当前 List 对象的最后
boolean addAll(int index,Collection<? extends E> c)	在 index 下标处插入集合 c 中的所有元素
void clear()	清除集合的所有元素，即全部删除
E remove(int index)	删除 index 下标处的元素，并返回删除的元素
boolean remove(Object o)	删除下标最小的元素 o，也就是说，如果当前 List 对象包含多个元素 o，则仅删除第一个。如果当前 List 对象包括元素 o，则返回 true；否则，返回 false

续表

成员方法	功能说明
boolean removeAll(Collection<c> c)	从当前 List 对象中删除集合 c 中的所有元素，不管该元素在 List 对象中出现多少次。如果当前 List 对象至少包括集合 c 中的一个元素，则返回 true；否则，返回 false
boolean contains(Object o)	判断当前 List 对象中是否包含元素 o（注意：元素类型需要实现 equals 方法指明相等判断的标准）。如果包含元素 o，则返回 true；否则，返回 false
boolean containsAll(Collection<? > c)	判断当前 List 对象中是否包含集合 c 中的所有元素（注意：元素类型需要实现 equals 方法指明相等判断的标准）。如果全部包含，则返回 true；否则，返回 false
E get(int index)	返回当前 List 对象位于 index 下标处的元素
int indexOf(Object o)	返回对象 o 在集合中第一次出现的位置；如果当前 List 对象不包括对象 o，则返回-1
int lastIndexOf(Object o)	返回对象 o 在集合中最后一次出现的位置；如果当前 List 对象不包括对象 o，则返回-1
boolean isEmpty()	判断当前 List 对象是否为空。如果为空，则返回 true；否则，返回 fasle
E set(int index,E element)	将原有元素替换覆盖掉
Iterator<E> iterator()	返回当前 List 对象的迭代器
int size()	返回当前 List 对象中的元素个数

6.2.1 ArrayList 实现类

ArrayList 类示例程序：

```
package cn.edu.bjut.chapter6;


import java.util.ArrayList;
import java.util.Iterator;
import java.util.List;
```

```
public class ArrayListTester {
   public static void main(String[] args) {
      List<Integer> strList = new ArrayList<Integer>();

      strList.add("123");
      strList.add("456");
      strList.add("234");
      strList.add(2, "121");
      System.out.println(strList);

      strList.remove(2);
      System.out.println(strList);

      for (int i = 0; i < strList.size(); i++) {
         System.out.print(strList.get(i) + "\t");
      }
      System.out.println();

      for (Iterator<String> it = list1.iterator(); it.hasNext(); ) {
         System.out.print(it.next() + "\t");
      }
      System.out.println();
   }
}
```

ArrayList 类使用可变大小的数组来实现 List 接口，这个数组是动态创建的。如果元素个数超过了数组的容量，就创建一个更大的新数组，并将当前数组中的所有元素都复制到新数组中。当默认构造容量为 10 个元素的 ArrayList 对象放入第 11 个元素时，ArrayList 会自动增加容量。ArrayList 类还提供了三种构造函数，用于管理内部数组的大小，见表 6-3。

表 6-3　ArrayList 类的构造方法

成员方法	功能说明
ArrayList()	创建初始容量为 10 个元素的 ArrayList 对象
ArrayList(Collection<? extends E> c)	利用集合 c 中的元素构建 ArrayList 对象，元素的顺序与集合的迭代器遍历的顺序保持一致
ArrayList(int initialCapacity)	创建初始容量为 initialCapacity 个元素的 ArrayList 对象

ArrayList 类的增容效率低，应尽量少增容。ArrayList 类不能自动减少，可以使用 trimToSize( )将数组容量减少到线性表的大小。

测试 ArrayList 类增容效率示例程序：

```
package cn.edu.bjut.chapter6;

import java.util.ArrayList;
import java.util.List;
import java.util.Random;

public class ArrayListConstructorTester {
  public static String getRandomString(int length) {
    String base = "abcdefghijklmnopqrstuvwxyz0123456789";
    Random random = new Random();
    StringBuffer sb = new StringBuffer(length);
    for (int i = 0; i < length; i++) {
      int number = random.nextInt(base.length());
      sb.append(base.charAt(number));
    }
    return sb.toString();
  }

  public static void main(String[] args) {
    int n = 1000000;

    long startTime1 = System.currentTimeMillis();
    List<String> list1 = new ArrayList<String>();
    for (int i = 0; i < n; i++) {
      list1.add(getRandomString(5));
    }
    long endTime1 = System.currentTimeMillis();

    long startTime2 = System.currentTimeMillis();
    List<String> list2 = new ArrayList<String>(n);
    for (int i = 0; i < n; i++) {
      list2.add(getRandomString(5));
    }
    long endTime2 = System.currentTimeMillis();
```

```
        System.out.println((endTime1 - startTime1) + "ms\t " + (endTime2 - startTime2) + "ms");
    }
}
```

6.2.2 List 的排序

Collections 是集合的工具类，在这个工具类中所有方法都是静态的（static），提供了很多便于操作集合的方法，这些方法可以直接用类名调用。用于集合排序的相关方法见表 6-4。

表 6-4　Collections 工具类的排序相关方法

成员方法	功能说明
void sort(List<T> list)	对 List 中的元素按升序排序
void sort(List<T> list,Comparator<? super T> c)	根据指定的比较器（Comparator）c，对 List 中的元素按升序排序
void reverse(List<?> list)	将 List 中的元素首尾颠倒过来
void shuffle(List<?> list)	打乱 List 中元素的顺序
void shuffle(List<?> list,Random rnd)	根据指定的随机对象 rnd，打乱 List 中元素的顺序
void swap(List<?> list,int i,int j)	将 List 中下标 i 处的元素与下标 j 处的元素互换
int binarySearch(List<?extends Comparable<? super T>> list,T key)	利用二分查找算法，在 List 中查找元素 key。如果找到，则返回相应的下标；否则，返回-1。注意：调用这个方法之前，需要首先对 List 中的元素按升序进行排列
int binarySearch(List<? extends T> list,T key,Comparator<? super T> c)	利用二分查找算法，在 List 中查找元素 key。如果找到，则返回相应的下标；否则，返回-1。注意：调用这个方法之前，需要首先根据指定的比较器（Comparator）c 对 List 中的元素按升序进行排列

String、Integer、Double 等类的对象可以直接排序，因为 Java 语言已经定义好了它们的比较规则，自定义类的对象的比较规则需要单独设计。

List 中元素排序示例程序：

Person 类：

```
package cn.edu.bjut.chapter6;

public class Person implements Comparable<Person> {
    private String name;
    private char gender;

    public Person(String name, char gender) {
        this.name = name;
        this.gender = gender;
    }

    public String getName() {
        return name;
    }

    public void setName(String name) {
        this.name = name;
    }

    public char getGender() {
        return gender;
    }

    public void setGender(char gender) {
        this.gender = gender;
    }

    @Override
    public String toString() {
        return (name + "\t " + gender);
    }

    @Override
    public int compareTo(Person o) {
        if (gender < o.gender) {
            return - 1;
        } else if (gender > o.gender) {
            return 1;
        } else {
            return name.compareTo(o.name);
        }
    }
}
```

测试类：

```
package cn.edu.bjut.chapter6;

import java.util.ArrayList;
import java.util.Arrays;
import java.util.Collections;
import java.util.List;

public class ListSortTester {
    public static void main(String[] args) {
        String[] strArray = new String[] { "dtk", "abc", "ekd", "def" };
        List<String> strList = Arrays.asList(strArray);
        System.out.println(strList);
        Collections.sort(strList);
        System.out.println(strList);
        Collections.reverse(strList);
        System.out.println(strList);

        List<Person> stuList = new ArrayList<Person>();
        stuList.add(new Person("李文慧", 'F'));
        stuList.add(new Person("白晨", 'F'));
        stuList.add(new Person("谢天昊", 'M'));
        stuList.add(new Person("梁化祥", 'M'));
        System.out.println(stuList);

        Collections.sort(stuList);
        System.out.println(stuList);
        int idx = Collections.binarySearch(stuList, new Person("白晨", 'F'));
        if (idx >= 0) {
            System.out.println("Found");
        } else {
            System.out.println("Not Found");
        }
    }
}
```

6.2.3　自定义泛型类

在现实中，经常会遇到需要分组的问题。例如：根据小朋友的数量将一堆苹果近似均匀地分成 N 堆；在破冰活动中，经常需要将人员分成小组，每组通过协作共同完成某个任务，而且为了让大家尽可能互相认识，每次任务开始之前都需要将人员重新进行分组；在实际教学过程中，经常会涉及多个小组作业，每次小组作业最好也对学生重新进行分组。

针对这些现实情况，本节将设计一个分组（Grouper）类，使其可以完成苹果、人员、学生等不同类型对象的分组任务。可以将分组类设计成泛型类 Grouper<T>，具体对象类型 T 由用户来决定。分组的主要思想如下：为了保证每次分组结果不同，首先需要将原始数据的顺序打乱，然后计算每组元素的开始和结束下标，如图 6-3 所示。

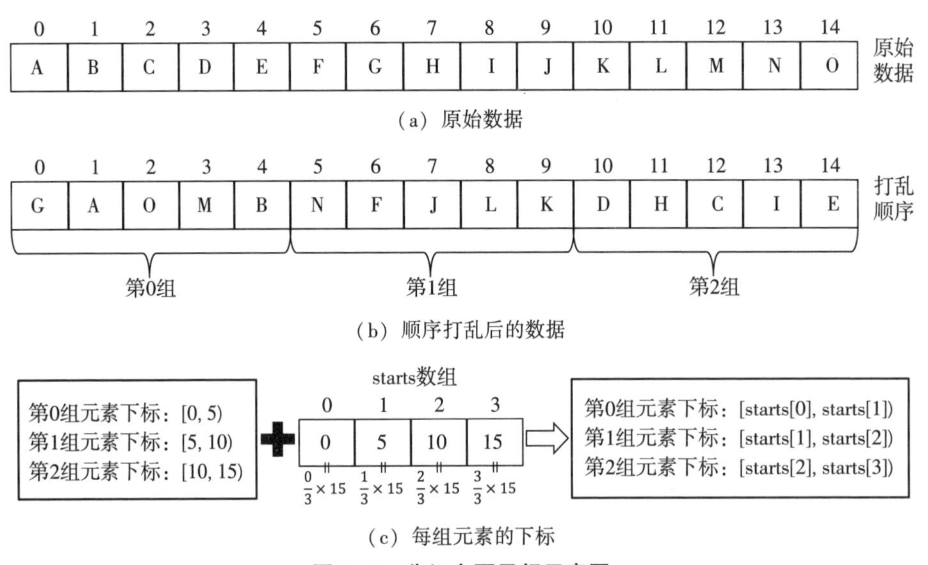

（a）原始数据

（b）顺序打乱后的数据

（c）每组元素的下标

图 6-3　分组主要思想示意图

泛型分组 Grouper 类示例程序：

```
package cn.edu.bjut.chapter6;


import java.util.ArrayList;
import java.util.Collections;
import java.util.List;
import java.util.Random;
```

```
public class Grouper<T> {
    private List<T> data;
    private int nfold;
    private int[] starts = null;

    public Grouper(List<T> data, int nfold, long seed) {
        this.data = data;
        this.nfold = nfold;

        Collections.shuffle(data, new Random(seed));

        this.starts = new int[nfold + 1];
        for (int v = 0; v <= nfold; v++) {
            starts[v] = Math.round(data.size() * (v / (float) nfold));
        }
    }

    public List<T> getGroup(final int split) {
        if (split >= nfold || split < 0) {
            return null;
        }

        List<T> group = new ArrayList<T>();
        for (int m = starts[split]; m < starts[split + 1]; m++) {
            group.add(data.get(m));
        }

        return group;
    }
}
```

GrouperTester 类示例程序：

```
package cn.edu.bjut.chapter6;

import java.util.ArrayList;
import java.util.List;
```

```
public class GrouperTester {
   public static void main(String[] args) {
      List<Person> students = new ArrayList<Person>();
      students.add(new Person("李文慧", 'F'));
      students.add(new Person("白晨", 'F'));
      students.add(new Person("谢天昊", 'M'));
      students.add(new Person("梁化祥", 'M'));
      students.add(new Person("高明", 'M'));
      students.add(new Person("孔雀", 'F'));

      Grouper<Person> grouper = new Grouper<Person>(students, 2, 1);
      System.out.println("The first group:");
      System.out.println(grouper.getGroup(0));
      System.out.println("The second group:");
      System.out.println(grouper.getGroup(1));
   }
}
```

6.2.4 Vector 类

类似于 ArrayList 类，Vector 类也实现了 List 接口，所以无须关心 Vector 类的成员方法，只要知道了 List 接口定义的方法，即知道了 Vector 类的成员方法。但是，由 Vector 类创建的 Iterator 虽然和 ArrayList 类创建的 Iterator 是同一接口，因为 Vector 类是同步的，当一个 Iterator 被创建且正在被使用时，如果线程改变了 Vector 类的状态，则这时调用的方法必须捕获异常。

Vector 类与 ArrayList 类的异同之处：

（1）相同点：采用数组来实现，是有序的。

（2）不同点：Vector 类是重量级，消耗资源多，访问速度慢，但线程安全，支持并发；而 ArrayList 类是轻量级，消耗资源少，访问速度快，线程不安全，不支持并发。

什么是线程安全与不安全？当多个线程并发地访问 ArrayList 类或 Vector 类中的元素时，ArrayList 类可能会出错，而 Vector 类则不会出错，因此 ArrayList 类是不安全的，Vector 类是安全的。

6.2.5　LinkedList 类

LinkedList 类实现了 List 接口，只要知道 List 的方法即可。LinkedList 类没有同步方法，如果同时访问多个线程，则必须自己实现访问同步方法。LinkedList 类的底层是采用双向链表实现的，更准确地说是采用双向循环链表实现的，双向链表与双向循环链表示意图如图 6-4 所示。

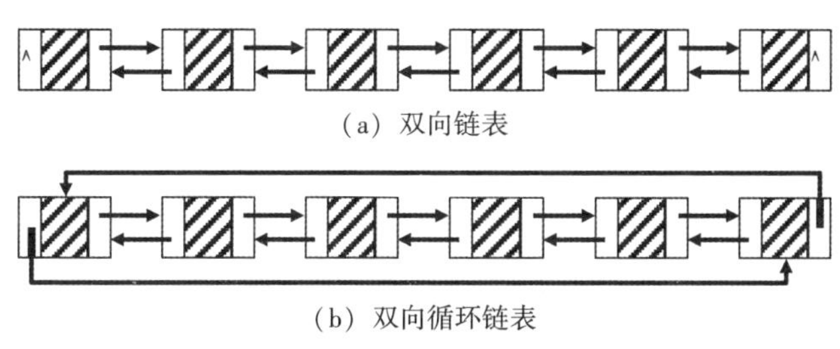

（a）双向链表

（b）双向循环链表

图 6-4　双向链表与双向循环链表示意图

LinkedList 类：用链表实现，实现插入、删除较快，而查询速度较慢，因为只知道链表头，所以每次查询只能从头开始找。

ArrayList 类：用数组实现，数组在内存中是一片连续的空间，查询速度非常快，直接使用下标就可以访问，但数组的插入、删除很麻烦，因为需要移动大量元素，所以速度很慢。

LinkedList 类与 ArrayList 类的特点决定了二者适用不同的业务场景。例如，如果管理一个班的学员信息，更多的时候是查询，而插班生、转班生是比较少的情况，这样就可采用 ArrayList 来管理。

LinkedList 类在首部和尾部提供额外的 get、remove 和 insert 方法，这些操作使 LinkedList 类可被用作堆栈（stack）、队列（queue）或双向队列（deque）。栈只有一个出入口（即栈顶），只有增删操作而无查询操作。对于栈，只能在栈顶操作，如图 6-5 所示，因此栈可以采用 LinkedList 类来实现。

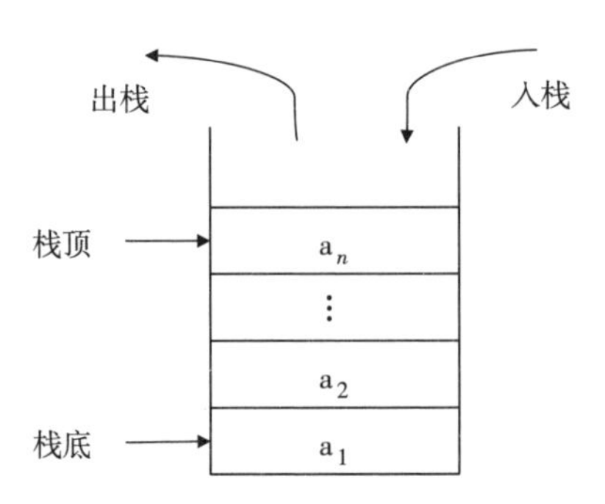

图 6-5　栈（stack）结构示意图

MyStack 类示例程序：

```
package cn.edu.bjut.chapter6;

import java.util.LinkedList;

public class MyStack<E> {
  private LinkedList<E> list;

  public MyStack() {
    list = new LinkedList<E>();
  }

  public void push(E e) {
    list.push(e);
  }

  public E pop() {
    return list.pop();
  }

  public int size() {
    return list.size();
  }

  public boolean isEmpty() {
    return list.isEmpty();
  }
}
```

Stack 测试类示例程序：

```
package cn.edu.bjut.chapter6;

public class StackTester {
  public static boolean isMatch(String str) {
    char[] charArray = str.toCharArray();
    MyStack<Character> stack = new MyStack<Character>();
    for (char c : charArray) {
      if (c == '(' || c == '[' || c == '{') {
        stack.push(c);
      } else if (c == ')' || c == ']' || c == '}') {
        if (stack.isEmpty()) {
          return false;
        }

        Character cc = stack.pop();
        switch (c) {
          case ')':
            if (cc != '(') {
              return false;
            }
            break;
          case ']':
            if (cc != '[') {
              return false;
            }
            break;
          case '}':
            if (cc != '{') {
              return false;
            }
            break;
        }
      }
    }

    return stack.isEmpty() ? true : false;
  }
```

```
    public static void main(String[ ] args) {
        System.out.println(isMatch("ab(dd[123]}"));
        System.out.println(isMatch("ab(dd[123])"));
    }
}
```

6.3 Set 接口

Set 接口是 Collection 接口的子接口，它存储元素是无序的，无法直接获取指定位置的元素，要获取 Set 中的元素，必须使用迭代器（Iterator）、for-each 循环或将 Set 接口转换为其他类型。Set 接口中的元素是不允许重复的，这里的不重复是指元素的内容不重复，也就是说，在一个集合中不存在元素 e1 和 e2，使得 e1. equals(e2) 的返回值为 true。其主要实现的类如下：

（1）HashSet：按照哈希（hash）算法来存取集合中的对象，存取速度比较快，但每个元素的顺序未知。

（2）LinkedHashSet：HashSet 子类，不仅实现了哈希算法，还实现了链表数据结构，链表数据结构能提高添加和删除元素的效率。元素按照添加顺序存储，先添加的存储在前面，后添加的存储在后面，也就是说，LinkedHashSet 中的元素顺序是添加顺序。

（3）TreeSet：实现 SortedSet 子接口，TreeSet 中的元素按升序存储。如果元素类型为 String、Integer、Double 等类，添加到 TreeSet 中时会自动按升序存储；对于自定义类的对象，则需要实现对象间的比较方法。

Set 接口的常用成员方法见表 6-5。

表 6-5　Set 接口的常用成员方法

成员方法	功能说明
boolean add(E e)	如果不存在，则添加元素 e，返回 true；否则，直接忽略，返回 false

续表

成员方法	功能说明
boolean addAll(Collection<? extends E> c)	将集合 c 中所有元素添加到当前 Set 对象中，类似于集合的并运算。如果当前 Set 对象中的元素有变化，则返回 true；否则，返回 false
void clear()	清除集合中的所有元素，即全部删除
boolean remove(Object o)	从当前 Set 对象中删除元素 o。如果当前 Set 对象包括元素 o，则返回 true；否则，返回 false
boolean removeAll(Collection<c > c)	从当前 Set 对象中删除集合 c 中的所有元素。如果当前 Set 对象中的元素有变化，则返回 true；否则，返回 false
boolean contains(Object o)	判断当前 Set 对象中是否包含元素 o（注意：元素类型需要实现 equals 方法指明相等判断的标准）。如果包含，则返回 true；否则，返回 false
boolean containsAll (Collection <?> c)	判断当前 List 对象中是否包含集合 c 中的所有元素（注意：元素类型需要实现 equals 方法指明相等判断的标准）。如果全部包含，则返回 true；否则，返回 false
boolean retainAll(Collection<?> c)	当前 List 对象中仅保留集合 c 中的元素，类似于集合的交运算。如果当前 Set 对象中的元素有变化，则返回 true；否则，返回 false
boolean isEmpty()	判断当前 Set 对象是否为空。如果为空，则返回 true；否则，返回 fasle
Iterator<E> iterator()	返回当前 Set 对象的迭代器
int size()	返回当前 Set 对象中的元素个数
T[ ] toArray(T[ ] a)	将当前 Set 对象转换为 T 类型的数组

Set 在判断元素是否重复时，要同时使用 hashCode()和 equals()方法，具体过程如图 6-6 所示。hashCode()方法返回相应对象的哈希码，如果新添加元素的哈希码与当前 Set 中所有元素的哈希码都不同，则表示无重复，可直接添加到 Set 中；如果新添加元素的哈希码与当前 Set 中某个/某些元素的哈希码相等，则说明这时可能发生了哈希碰撞（hash collision），需要通过 equals()方法比较内容是否相等。

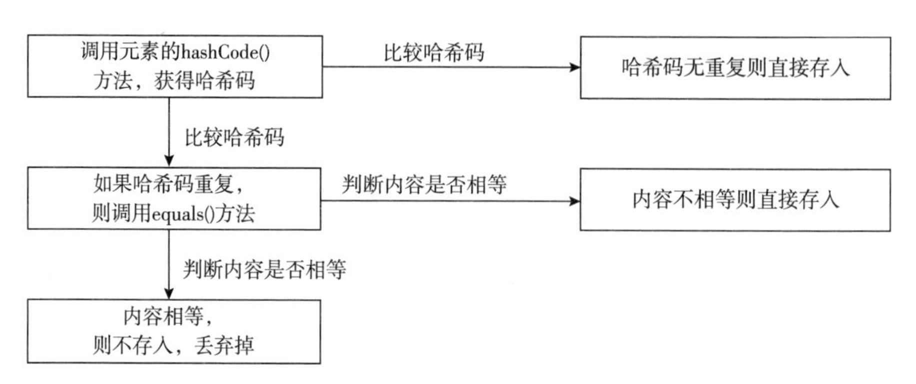

图 6-6　Set 过滤重复元素的过程

6.3.1　HashSet 类

HashSet 类按照哈希算法来存取集合中的对象，存取速度比较快。HashSet 类并没有实现 RandomAccess 接口，所以它不能按下标访问相应元素，没有 get 方法。

HashSetTester 类示例程序：

```
package cn.edu.bjut.chapter6;

import java.util.HashSet;
import java.util.Iterator;
import java.util.Set;

public class HashSetTester {
    public static void main(String[] args) {
        Set<String> set = new HashSet<String>();
        set.add("Alice");
        set.add("Albert");
        set.add("Mike");
        set.add("Tim");

        System.out.println(set);

        set.remove("Mike");
        System.out.println(set);
```

```
        for (String name : set) {
            System.out.print(name + "\t");
        }
        System.out.println();

        for (Iterator<String> it = set.iterator(); it.hasNext(); ) {
            System.out.print(it.next() + "\t");
        }
        System.out.println();
    }
}
```

HashSet 类的构造方法见表 6-6。

表 6-6　HashSet 类的构造方法

构造方法	功能说明
HashSet()	构造容量为 16 个元素的 HashSet 对象，初始加载因子为 0.75
HashSet(Collection<? extends E> c)	利用集合 c 中的元素构建 HashSet 对象，如果集合 c 中有重复元素，HashSet 对象会自动去重
HashSet(int initialCapacity)	构造容量为 initialCapacity 个元素的 HashSet 对象
HashSet(int initialCapacity, float loadFactor)	构造容量为 initialCapacity 个元素、加载因子为 loadFactor 的 HashSet 对象

注意：初始加载因子为 0.75，加载因子类似于打折，只要 HashSet 存储元素个数超过加载因子指示的位置就增容。例如，初始容量为 16，那么 16×0.75=12 个；存储到 12 个元素时就到加载因子指示的位置了，存放第 13 个元素时就增容，本来要存储 16 个元素，但现在打折存储 12 个元素就要扩容，以 2 倍的容量进行扩容。

根据图 6-6 可知，如果将自定义类的对象加入 Set 中，这个类就需要同时实现 hashCode()和 equals()方法。

Name 类示例程序：

```
package cn.edu.bjut.chapter6;

public class Name {
  private String firstName, lastName;

  public Name(String firstName, String lastName) {
    this.firstName = firstName;
    this.lastName = lastName;
  }

  public String getFirstName() {
    return firstName;
  }

  public void setFirstName(String firstName) {
    this.firstName = firstName;
  }

  public String getLastName() {
    return lastName;
  }

  public void setLastName(String lastName) {
    this.lastName = lastName;
  }

  @Override
  public String toString() {
    return "[" + lastName + ", " + firstName + "]";
  }

  @Override
  public boolean equals(Object obj) {
    if ((obj == null) || !(obj instanceof Name)) {
      return false;
    }

    if (this == obj) {
      return true;
    }
```

```
        Name other = (Name) obj;
          return (firstName.equalsIgnoreCase(other.firstName)
            && lastName.equalsIgnoreCase(other.lastName));
    }

    @Override
    public int hashCode() {
        return (firstName.toLowerCase().hashCode() * 10
          + lastName.toLowerCase().hashCode());
    }
}
```

Name 测试类示例程序：

```
package cn.edu.bjut.chapter6;

import java.util.HashSet;
import java.util.Set;
public class NameTester {
    public static void main(String[] args) {
        Set<Name> names = new HashSet<Name>();
        names.add(new Name("Albert", "Einstein"));
        names.add(new Name("albert", "einstein"));
        names.add(new Name("Issac", "Netwon"));
        names.add(new Name("issac", "Netwon"));
        System.out.println(names); // names 中只有两个元素
    }
}
```

6.3.2 SortedSet 接口和 TreeSet 类

SortedSet 是 Set 的一个子接口，在保证元素不重复的同时，它还可以确保集合中的元素是有序的。SortedSet 的可排序不代表加入顺序，它可以按照用户定义的规则进行排序。例如，全班每个人都有学号，已经按学号编排好了位置，学生到教室时就直接按编好的位置入座，但学生到教室的顺序不是按照学号顺序。

TreeSet 类实现了 SortedSet 接口，能够对集合中的对象进行排序。TreeSet 的用法与 HashSet 类似。TreeSet 支持两种排序方式：自然排序和自定义排序，不允许放入 null 值。实际上，TreeSet 类是利用二叉树算法对集合中的元素进行排序的。

（1）自然排序：在 JDK 类库中，有一部分类实现了 Comparable 接口，如 Integer、Double 和 String 等。Comparable 接口有一个 compareTo(Object o)方法，它返回整数类型。对于x. compareTo(y)，如果返回 0，则表明 x 和 y 相等；如果返回值大于 0，则表明 x > y；如果返回值小于 0，则表明 x < y。

（2）自定义排序：java. until. Comparator 接口提供了具体的排序方式，它包含一个 compare(Object x, Object y)方法，用于比较两个对象的大小，当 compare(x,y)返回 0 时，表明 x 和 y 相等；当返回值大于 0 时，表明 x > y；当返回值小于 0 时，表明 x < y。

Name2 类示例程序：

```
package cn.edu.bjut.chapter6;

public class Name2 implements Comparable<Name2> {
    private String firstName, lastName;

    public Name2(String firstName, String lastName) {
        this.firstName = firstName;
        this.lastName = lastName;
    }

    public String getFirstName() {
        return firstName;
    }

    public void setFirstName(String firstName) {
        this.firstName = firstName;
    }

    public String getLastName() {
        return lastName;
    }

    public void setLastName(String lastName) {
        this.lastName = lastName;
    }
```

```
    @Override
    public String toString() {
      return "[" + lastName + ", " + firstName + "]";
    }

    @Override
    public boolean equals(Object obj) {
      if ((obj == null) || !(obj instanceof Name2)) {
        return false;
      }

        if (this == obj) {
          return true;
        }

        Name2 other = (Name2) obj;
      return (firstName.equalsIgnoreCase(other.firstName)
        && lastName.equalsIgnoreCase(other.lastName));
    }

      @Override
      public int hashCode() {
        return (firstName.toLowerCase().hashCode() * 10
          + lastName.toLowerCase().hashCode());
      }

      @Override
      public int compareTo(Name2 name) {
        if (!lastName.equalsIgnoreCase(name.lastName)) {
          return lastName.compareTo(name.lastName);
        } else {
          return firstName.compareTo(name.firstName);
        }
    }
}
```

Name2 测试类示例程序：

```
package cn.edu.bjut.chapter6;

import java.util.Comparator;
import java.util.Set;
import java.util.TreeSet;
```

```
public class Name2Tester {
  public static void main(String[] args) {
    Set<Name2> nameSet1 = new TreeSet<Name2>(); // 自然排序
    nameSet1.add(new Name2("Albert", "Einstein"));
    nameSet1.add(new Name2("Issac", "Netwon"));
    nameSet1.add(new Name2("Qiang", "Yang"));
    nameSet1.add(new Name2("Prem", "Gopalan"));
      nameSet1.add(new Name2("Jaewon", "Yang"));
      System.out.println(nameSet1);

      Set<Name2> nameSet2 = new TreeSet<Name2>(new Comparator<Name2>() {
        @Override
      public int compare(Name2 arg0, Name2 arg1) {
        return arg0.getFirstName().compareToIgnoreCase(arg1.getFirstName());
      }
    }); // 自定义排序

    for (Name2 name: nameSet1) {
      nameSet2.add(name);
    }
    System.out.println(nameSet2);
  }
}
```

需要说明的是，采用自定义排序时经常会涉及创建一个匿名类（anonymous class）的对象。另外，如果调用表 6-4 中的方法 void sort(List<T> list, Comparator<? super T> c)，根据指定的比较器（Comparator）对 List 中的元素进行排序也会涉及匿名类的问题。

6.3.3 匿名类

Java 语言可以实现一个类中包含另外一个类，且不需要提供任何类名而直接实例化，主要用于在实际需要的时候创建一个对象来执行特定的任务，可以使代码更加简洁。匿名类（anonymous class）是没有名字的类，它们不能被引用，只能在创建时用 new 语句来声明。匿名类的语法格式如下：

```
public class OuterClassName {
  ClassName object = new ClassName(参数列表) {
    // 匿名类代码
  };
}
```

以上代码创建了一个匿名类对象 object，匿名类是由表达式形式定义的，因此末尾以“;”来结束。匿名类通常继承一个父类或实现一个接口。

1. 匿名类继承一个父类示例程序

```
package cn.edu.bjut.chapter6;

public class Rectangle {
    private int length, width;
    public Rectangle(int length, int width) {
        this.length = length;
        this.width = width;
    }

    public int getLength() {
        return length;
    }

    public void setLength(int length) {
        this.length = length;
    }

    public int getWidth() {
        return width;
    }

    public void setWidth(int width) {
        this.width = width;
    }

    public int perimeter() {
        System.out.println("长方形周长计算: ");
        return 2 * (length + width);
    }
}
```

```
package cn.edu.bjut.chapter6;

public class AnonymousClassTester {
    public void test() {
        // 创建的匿名类继承了 Rectangle 类
        Rectangle rect = new Rectangle(8, 8) {
            public int perimeter() {
```

```
            System. out. println("正方形周长计算: ");
            return this. getLength() << 4;
        }
    };
    System. out. println(rect. perimeter());
  }

  public static void main(String[] args) {
    AnonymousClassTester tester = new AnonymousClassTester();
    tester. test();
  }
}
```

2. 匿名类实现一个接口示例程序

```
package cn.edu.bjut.chapter6;

public interface Shape {
  void display();
}
```

```
package cn.edu.bjut.chapter6;

public class AnonymousClassDemo {
  public void test() {
    Shape circle = new Shape() {
      @Override
      public void display() {
        System.out.println("This is a circle.");
      }
    };
    circle.display();
  }

  public static void main(String[] args) {
    AnonymousClassDemo demo = new AnonymousClassDemo();
    demo.test();
  }
}
```

6.4 Map 接口

Map 接口与 Collection 接口无继承关系。Map 作为一个映射集合，每个元素包含键-值（key-value）映射。Map 中的值（value）可重复，但键（key）不能重复。实际上，Map 与数据库中的表（table）非常类似（图 6-7）：Map 中的键类似于表中的主键（primary key）；Map 中的值类似于表中的其他字段；表中的每行被称为一条记录，Map 中称之为键-值（key-value）映射或条目（entry）；所有的记录组成了表（table），所有的键-值（key-value）映射或条目（entry）组成了 Map。

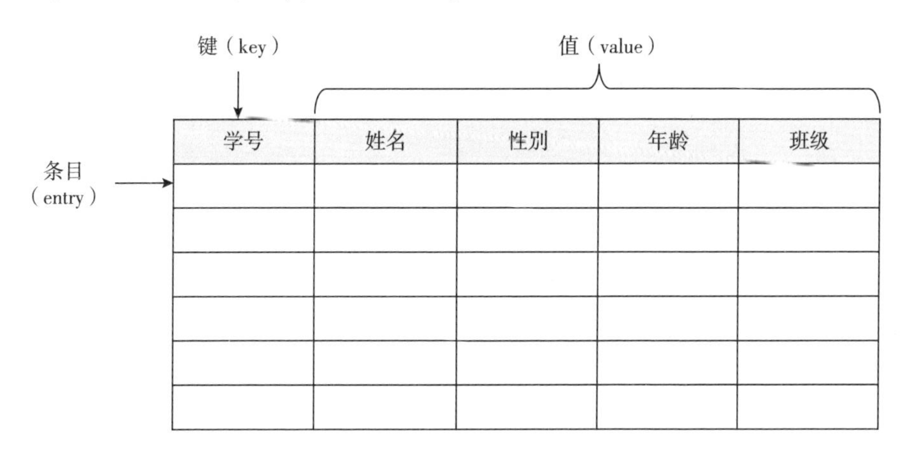

图 6-7 Map 与数据库中的表（table）对比

实现 Map 接口的类包括 HashMap、HashTable、LinkedHashMap 和 TreeMap 等。

（1）HashMap 类：与 HashSet 类类似，不保证元素的添加顺序，线程不安全，键和值都可以为 null。

（2）HashTable 类：类似于 HashMap 类，不保证元素的添加顺序，但线程安全，键和值都不允许为 null，速度比 HashMap 类慢。

（3）LinkedHashMap：与 LinkedHashSet 类基本相同，使用链表维护元素的添加顺序，在迭代访问 Map 的全部元素时，性能比 HashMap 类好，但是插入时性能稍微逊色于 HashMap 类。

（4）TreeMap 类：实现 SortedMap 子接口，与 TreeSet 类基本相同。如果

键的类型为 String、Integer、Double 等，添加到 TreeMap 中时会自动按升序存储；如果键的类型为自定义类，则需要实现对象间的比较方法。

Map 接口的常用成员方法见表 6-7。

表 6-7　Map 接口的常用成员方法

成员方法	功能说明
V put(K key,V value)	将键为 key 和值为 value 的映射对添加到当前 Map 对象中。如果当前 Map 对象包含指定的 key，则将原来的值替换为 value，并返回原来的值；否则，直接添加，并返回 null
void putAll(Map<? extends K,? extends V> m)	将 m 中的所有映射关系添加到当前 Map 对象中
void clear()	清除当前 Map 对象的所有映射关系，即全部删除
V remove(Object key)	将键为 key 的映射关系从当前 Map 对象中移除。如果当前 Map 对象包含键为 key 的映射关系，则返回对应的值；否则，返回 null
boolean remove(Object key, Object value)	将键为 key 和值为 value 的映射关系从当前 Map 对象中移除。如果当前 Map 对象包含指定的映射关系，则返回 true；否则，返回 false
boolean containsKey(Object key)	判断当前 Map 对象中是否存在键为 key 的映射关系。如果存在，则返回 true；否则，返回 false
boolean containsValue(Object value)	判断当前 Map 对象中是否存在值为 value 的映射关系。如果存在，则返回 true；否则，返回 false
Set<K> keySet()	返回当前 Map 对象中所有键组成的集合（Set）
Collection<V> values()	返回当前 Map 对象中所有值组成的集合（Collection）
boolean isEmpty()	判断当前 Map 对象是否为空。如果为空，则返回 true；否则，返回 fasle
Set<Map. Entry<K,V>> entrySet()	返回当前 Map 对象中所有映射组成的集合（Set）
int size ()	返回当前 Map 对象中的映射个数

Map. Entry 是 Map 内部定义的一个接口，专门用来存储键-值（key-value）映射。Map. Entry 接口的常用成员方法见表 6-8。

表 6-8　Map. Entry 接口的常用成员方法

成员方法	功能说明
K getKey()	返回对应的键
V getValue()	返回对应的值
V setValue(V value)	将值修改为 value，返回原来的值

MapTester 示例程序：

```
package cn.edu.bjut.chapter6;

import java.util.HashMap;
import java.util.LinkedHashMap;
import java.util.Map;

public class MapTester {
    public static void main(String[] args) {
        Map<String, Name> id2Names = new HashMap<String, Name>();
        id2Names.put("213456", new Name("Albert", "Einstein"));
        id2Names.put("123456", new Name("Albert", "Einstein"));
        id2Names.put("321456", new Name("Qiang", "Yang"));
        id2Names.put("456321", new Name("Qiang", "Yang"));

        System.out.println(id2Names);
        System.out.println(id2Names.keySet());
        System.out.println(id2Names.values());

        Map<String, Name> id2Names2 = new LinkedHashMap<String, Name>();
        id2Names2.put("213456", new Name("Albert", "Einstein"));
        id2Names2.put("123456", new Name("Albert", "Einstein"));
        id2Names2.put("321456", new Name("Qiang", "Yang"));
        id2Names2.put("456321", new Name("Qiang", "Yang"));

        System.out.println(id2Names2);
        System.out.println(id2Names2.keySet());
        System.out.println(id2Names2.values());
```

```
        for (Map.Entry<String, Name> entry : id2Names.entrySet()) {
            System.out.println(entry.getKey() + ":" + entry.getValue());
        }
    }
}
```

6.4.1 单文档词频统计

在现实中，经常会遇到以下词频统计的问题：给定一段用空格分开的字符串，统计其中每个单词出现的频率，并按单词数量的升序输出。相比于其他数据结构，这类问题最好用 Map 接口来实现。

WordCounter 类示例程序：

```
package cn.edu.bjut.chapter6;

import java.util.Map;
import java.util.TreeMap;

public class WordCounter {
    private String[] tokens;
    private Map<String, Integer> counter;

    public WordCounter(String[] tokens) {
        this.tokens = tokens;
        this.counter = new TreeMap<String, Integer>();
    }

    public void count() {
        for (String token : tokens) {
            if (counter.containsKey(token)) {
                int count = counter.get(token);
                counter.put(token, count + 1);
            } else {
                counter.put(token, 1);
            }
        }
    }
```

```
    @Override
    public String toString() {
        StringBuilder sb = new StringBuilder();
        for (Map.Entry<String, Integer> entry : counter.entrySet()) {
            sb.append(entry.getKey() + ": " + entry.getValue() + "\n");
        }

        return sb.toString();
    }
}
```

WordCounter 测试类示例程序：

```
package cn.edu.bjut.chapter6;

public class WordCounterTester {
    public static void main(String[] args) {
        String text = "1648 年,牛顿 被 送去 读书。少年 时 的 牛顿 并 不是 "
                    + "神童,他 成绩 一般,但 他 喜欢 读书,喜欢 看 "
                    + "一些 介绍 各种 简单 机械 模型 制作 方法 的 读物,"
                    + "并 从中 受到 启发,自己 动手 制作 些 奇奇怪怪 的 "
                    + "小  玩意,如 风车、木钟 、折叠式 提灯 等等。";
        String[] words = text.toLowerCase().split("\\s+");

        WordCounter wc = new WordCounter(words);
        wc.count();
        System.out.println(wc);
    }
}
```

6.4.2　多文档词频统计

如果需要统计多篇文档的词频，可以将文档的 ID 作为键，将上面定义的 WordCounter 类对象作为值。

多文档词频统计示例程序：

```
package cn.edu.bjut.chapter6;

import java.util.HashMap;
import java.util.Map;
```

```
public class WordCounterTester2 {
    public static void main(String[] args) {
        Map<String, WordCounter> map = new HashMap<String, WordCounter>();

        String[] ids = {"000089219800222", "000088691000018", "000166992000025"};
        String [] titles = {"Liposomal doxorubicin in the palliative treatment of head and " +
                "neck cancer",
                "The long- term complications of chemotherapy in childhood genitourinary " +
                "tumors",
                "Adenovirus- mediated tumor suppressor p53 gene therapy for anaplastic " +
                "thyroid carcinoma in vitro and in vivo"};
        for (int i = 0; i < ids.length; i++) {
            WordCounter counter = new WordCounter(titles[i].toLowerCase().split("\\s+"));
            counter.count();
            map.put(ids[i], counter);
        }

        for (Map.Entry<String, WordCounter> entry: map.entrySet()) {
            System.out.println(entry.getKey());
            System.out.println(entry.getValue());
        }
    }
}
```

本章习题

建立一个Corpus类，用于存储专利文献集合（每篇专利文献的信息见第5章的表5-7），建立查询和删除方法，可根据专利申请号、申请日期、IPC分类号和CPC分类号查询与删除相应的专利文献。

第 7 章
初级图形用户界面设计

※ 了解 Java 语言的两个图形设计包（awt，swing）。
※ 掌握构建 GUI 应用的步骤（重点）。
※ 了解容器的分类。
※ 掌握 JFrame 和 JPanel（重点）。
※ 掌握六种布局管理器，包括 FlowLayout（流式布局）、BorderLayout（边界布局）、GridLayout（网格布局）和 CardLayout（卡片布局），以及 BoxLayout（箱式布局）和 GridBagLayout（网格包布局）（难点）

7.1 GUI 概述

图形用户界面（Graphical User Interface，GUI，又称为图形用户接口），是一种用户与计算机系统交互的方式，它通过图形元素，如窗口、按钮、菜单和图标等，使用户能够以直观和容易理解的方式与计算机程序进行交流。GUI 的设计原则是简化操作，提升用户体验，使非专业用户也能轻松使用复杂的软件。GUI 的主要特点包括：①用户可以直观地看到操作界面，通过视觉元素了解如何与系统进行交互；②交互性，用户可以通过鼠标、键盘、触摸屏等输入设备与界面上的元素进行交互；③一致性，良好的 GUI 设计遵循一致性原则，如按钮、菜单和对话框等元素在不同程序中应保持一致，这有助于用户形成使用习惯，降低学习成本；④反馈性，用户操作后，系统会提供视觉或听觉反馈，如按钮按下、窗口关闭等，以确认用户的操作。

GUI 的历史可以追溯到 20 世纪 70 年代，当时施乐帕洛阿尔托研究中心（Xerox PARC）的研究人员开发了第一个商业 GUI 系统。随后，苹果计算机的 Macintosh 和微软的 Windows 操作系统进一步普及了 GUI 的概念。在现代计算机系统中，GUI 是操作系统和应用程序的重要组成部分。它们不仅被用于个人计算机，还广泛应用于移动设备、网页设计、智能家居设备等多个领域。随着技术的发展，GUI 也在不断进化，如触屏技术、虚拟现实（VR）和增强现实（AR）等新兴技术都在推动 GUI 的创新和发展。

7.1.1 Java 的图形设计包

Java 语言有两个包是图形设计包：java. awt 和 javax. swing。

awt 由 Sun 公司开发，是 Java 的抽象窗口工具包，该包功能不强大，组件很少，不适合商用，界面不够美观，而且不支持图片和二维表；swing 是在 awt 推出后不久，IBM 公司与另一个公司借用 awt 思想共同开发的 JFC，其功能比 awt 强大，支持图片、二维表和树结构等，组件大多适合商用，在实际程序设计中使用比较广泛。

7.1.2 用户界面三要素

Java 语言中构成图形用户界面的各种元素和成分可以粗略地分为三类：容器（container）、组件（component）和布局管理器（layout）。

（1）容器：类似于集合（Collection），集合是对象的容器，容器是用户界面组件的容器。

（2）组件：如计算器有按钮、文本框、窗口，所有这些都叫作组件；窗口组件可以存放其他组件，它也是容器。

（3）布局管理器：用来负责控制组件在容器中的大小和位置。

除了布局管理器，GUI 的三大要素都是组件，容器也是组件的特例，可以存放其他组件。

7.1.3　awt 和 swing 的特点

1. java.awt 包下的类库

布局管理器：BorderLayout、CardLayout、FlowLayout。

组件：CheckBox、TextField、Frame、Button、Label、Color、Font。

2. javax.swing 包下的类库

swing 是 awt 的增强版，awt 中有 Button，swing 中也有增强版的 Button。awt 中 95%的类都在 swing 中，只是在 swing 中其名称前面加了 J（J+类名），如 JButton、JLabel、JTextField、JFrame、JMenuBar、JMenuItem、JMenu。

Java 语言中的 AWT（Abstract Window Toolkit）和 Swing 是两个用于构建 GUI 的框架。它们有不同的设计哲学和功能特性。

awt 是 Java 语言最初提供的 GUI 库，包含轻量级组件和重量级组件。轻量级组件是用 Java 语言实现的，而重量级组件则是依赖于本地操作系统的 GUI 组件。这使得 awt 在某些情况下能够提供良好的性能，但也导致了跨平台性的问题，因为重量级组件在不同操作系统下的表现可能不一致。swing 作为 awt 的继承者，是一个完全基于 Java 语言的 GUI 框架，它提供了跨平台的一致性。swing 的所有组件都是轻量级的，这意味着它们不会依赖于本地操作系统的 GUI 组件，从而确保了在任何操作系统中都能有一致的用户体验。swing 还提供了更丰富的组件库和更灵活的布局管理器，允许开发者创建更复杂的和定制化的 GUI。

在性能方面，虽然 swing 最初被认为比 awt 慢，但随着 Java 虚拟机性能的提升，swing 的性能已经得到了显著改善。此外，swing 的事件处理机制也更为先进，其使用事件队列和事件分发器，提高了事件处理的效率。swing 的另一个优势是其可扩展性。开发者可以通过 swing 的组件模型来轻松地扩展和自定义组件，以满足特定的需求。此外，swing 还支持插件，允许开发者添加新的行为和功能。

总体来说，尽管 awt 在 Java 语言的早期发展中发挥了重要作用，但 swing 以其跨平台性、丰富的组件库、灵活的布局管理和先进的事件处理机制，成为现代 Java GUI 应用程序开发的优选框架，二者的优缺点对比见表 7-1。随着 Java 技术的不断进步，swing 也在不断地得到优化和更新，以满足开发者的需求。

表 7-1　图形设计包 awt 和 swing 的优缺点对比

组件包	缺点	优点
awt	不能 100%跨平台，部分功能依赖操作系统（OS），第三方厂商不支持，功能有限，几乎被淘汰	速度稍快，直接支持 Applet
swing	JDK1.4 的 swing 速度较慢，不直接支持 Applet，需要安装插件才能使用，耗内存	100%跨平台，第三方厂商都支持，开发功能更强大，轻量级组件，资源消耗不大，风格更统一

7.1.4　构建 GUI 应用的步骤

构建 GUI 应用的步骤一般由选择容器、选择和设置布局管理器、添加组件、添加事件处理四个步骤组成。这些步骤提供了一个基本的框架，但在实际开发过程中可能会根据具体需求和复杂度进行调整。构建 GUI 应用是一个迭代的过程，通常需要多次循环，以确保最终产品满足用户的需求并提供良好的用户体验。

（1）选择容器：容器是装组件的，一个界面就是一个容器，窗口就是容器。

（2）选择和设置布局管理器：根据组件在容器中的位置来选择配置。

（3）添加组件：将组件添加到容器中。

（4）添加事件处理：例如一个按钮，单击它可以起到完成某个操作、实现某个功能的作用，如果不加入事件处理，则它只是一个按钮。

7.2　容器的分类及常用方法

7.2.1　容器的分类

在 Java 语言的 GUI 设计中，容器是用来组织和管理组件的组件。容器可以包含其他容器，形成层次结构。Java 语言中的容器主要分为以下几类。

（1）顶级容器（Top-Level Containers）。这是最高层级的容器，它们可以独立存在，如 JFrame、JDialog 和 JWindow。这些容器通常用于定义应用程序的主窗口或弹出窗口。

（2）面板（Panels）。JPanel 是最常用的面板容器，它可以包含多种组件，并且可以被添加到其他容器中。面板是 swing 组件体系的一部分，提供了比 awt 更多的定制选项。

（3）滚动窗格（Scroll Panes）。如 JScrollPane，允许用户滚动查看超出可视区域的内容。滚动窗格可以包含任何组件，并且提供水平和垂直滚动条。

（4）分割面板（Split Panes）。如 JSplitPane，允许用户通过拖动分隔条来调整两个或多个组件的相对大小。

（5）选项卡面板（Tabbed Panes）。如 JTabbedPane，允许用户通过单击不同的标签页来切换不同的内容区域。

（6）工具栏（Toolbars）。如 JToolBar，提供了一组工具按钮或其他组件，通常用于提供快速访问功能。

（7）菜单栏和菜单（MenuBars and Menus）。如 JMenuBar 和 JMenu，用于创建应用程序的菜单系统。

（8）桌面窗格（Desktop Panes）。如 JDesktopPane，可以包含多个 JInternalFrame，用于创建多文档界面（MDI）应用程序。

（9）列表和表格（Lists and Tables）。如 JList 和 JTable，用于显示数据集合，可以作为容器来组织数据行和列。

（10）树形视图（Tree Views）。如 JTree，用于以树状结构显示层次化数据。

这些容器的分类反映了它们在 GUI 中的不同用途和功能。开发者可以根据应用程序的需求选择合适的容器来组织和管理组件，以创建直观和功能丰富的用户界面。

7.2.2　容器的方法

在 Java 语言的 GUI 编程中，容器（Container）类及其子类提供了多种方法来管理组件和布局。表 7-2 是一些常用成员方法，这些方法在 swing 和 awt 容器中都有相似的实现。

表 7-2 容器类的常用成员方法

成员方法	功能说明
Component add(Component comp)	在容器最后追加组件 comp，并返回 comp
Component add(Component comp, int index)	将组件 comp 添加到容器中下标为 index 的位置，并返回 comp
void add(Component comp, Object constraints)	在容器最后追加组件 comp，并提供布局约束条件 constraints，这些条件由布局管理器解释
void add(Component comp, Object constraints, int index)	将组件 comp 添加到容器中下标为 index 的位置，并提供布局约束条件 constraints，这些条件由布局管理器解释
void remove(Component comp)	从容器中移除组件 comp
void remove(int index)	从容器中移除下标为 index 的组件
void removeAll()	从容器中移除全部组件
LayoutManager getLayout()	返回当前容器的布局管理器
void setLayout(LayoutManager mgr)	容器设置布局管理器，定义组件的排列方式
Component getComponent(int index)	返回容器中下标为 index 的组件
Component[] getComponents()	返回一个容器中所有组件组成的数组
int getComponentCount()	返回容器中的组件数量

这些方法构成了容器类的基础功能，在大多数容器类中都是共通的，开发者可以创建和管理 GUI 组件的布局和行为。不同的容器类可能会有额外的方法，如窗口（Window）类作为容器类的子类，其常用成员方法见表 7-3。由于 JFrame 容器是窗口类的子类，所以 JFrame 也继承了这些方法。

表 7-3 窗口类的常用成员方法

成员方法	功能说明
List<Image> getIconImages()	返回窗口的图标图像列表
void pack()	调整窗口的大小，使其适应组件的大小和布局
void setBackground(Color bgColor)	将窗口的背景色设置为颜色 bgColor
void setBounds(int x, int y, int width, int height)	将窗口左上角的位置坐标设置为 x 和 y，宽度和长度分别设置为 width 和 height

续表

成员方法	功能说明
void setBounds(Rectangle r)	设置窗口的位置和大小，Rectangle 对象作为参数，该对象包含了窗口的 x（水平位置）、y（垂直位置）、width（宽度）和 height（高度）四个属性
void setIconImage(Image image)	将窗口的图标图像设置为 image
void setIconImages(List<? extends Image> icons)	将窗口的图标图像列表设置为 icons
void setLocation(int x,int y)	将窗口左上角的位置坐标设置为 x 和 y
void setLocation(Point p)	设置窗口的位置，Point 对象作为参数，该对象包含了窗口的 x（水平位置）和 y（垂直位置）两个属性
void setLocationRelativeTo(Component c)	设置窗口相对于组件 c 的位置。如果 c 为上层窗口，则将当前窗口定位在上层窗口的中心；如果 c 为 null，则将窗口定位在屏幕中心
void setOpacity(float opacity)	设置窗口的透明度
void setSize(Dimension d)	设置窗口的大小，Dimension 对象作为参数，该对象包含了窗口的 width（宽度）和 height（高度）两个属性
void setSize(int width,int height)	将窗口的宽度和长度分别设置为 width 和 height
void setVisible(boolean b)	设置窗口是否可见

7.3 WindowBuilder 插件

WindowBuilder 是一个 Java 集成开发环境（IDE）插件，主要用于快速设计和实现图形用户界面（GUI）。它提供了一个可视化的拖放界面，允许开发者以图形化的方式构建 swing 或 JavaFX 应用程序的界面，而无须手动编写大量的 GUI 代码。WindowBuilder 的使用可以显著提高开发效率，特别是对于那些需要快速迭代设计和布局的 GUI 应用程序。通过减少手动编码的工作量，开发者可以更专注于应用程序的逻辑和功能实现。WindowBuilder 插件的主要特点如下。

（1）可视化设计。通过拖放组件到设计面板，开发者可以直观地构建

GUI 布局。

（2）支持多种组件。WindowBuilder 支持 swing 和 JavaFX 组件库，包括按钮、文本框、标签、菜单等。

（3）实时预览。设计界面时，可以实时查看 GUI 的效果，包括组件的布局和外观。

（4）自动代码生成。WindowBuilder 在设计完成后，可以自动生成相应的 Java 代码，包括组件的初始化和布局管理。

（5）事件处理。插件提供了事件绑定功能，允许开发者在 GUI 组件上直接设置事件监听器和处理逻辑。

（6）模板和样式。内置多种 GUI 模板和样式，方便快速开始一个新的项目。

（7）代码编辑和集成。WindowBuilder 与 IDE 的代码编辑器紧密集成，可以在可视化设计和代码编辑之间无缝切换。

（8）多平台支持。WindowBuilder 支持在不同的操作系统下设计和开发 GUI 应用程序，包括 Windows、macOS 和 Linux。

（9）插件扩展性。WindowBuilder 本身是一个插件，可以扩展到 Eclipse、IntelliJ IDEA 等多种 IDE 中。

（10）易于学习。对于不熟悉 GUI 编程的开发者，WindowBuilder 提供了一种更直观的学习曲线，降低了上手难度。

7.4 布局管理器

JFrame、JDialog 和 JPanel 等作为容器都可以包含和显示组件，在 Java 语言中，组件放置在容器中的位置不是通过坐标控制，而是由布局管理器（Layout）根据组件加入的顺序来决定。用户可以向容器中添加组件，布局管理器控制组件在容器中的摆放，常用的布局管理器表 7-4。

表 7-4　布局管理器列表

所属类包	名称	说明
java. awt	FlowLayout（流式布局）	组件根据加入的先后顺序，按照设置的对齐方式从左向右排列，一行排满后从下一行重新开始继续排列
	BorderLayout（边界布局）	容器划分为东、西、南、北、中五个区域，每个区域只能放置一个组件
	GridLayout（网格布局）	容器的空间被划分为 M 行×N 列的网格区域，每个区域只能放置一个组件
	CardLayout（卡片布局）	如同一叠牌，每张牌对应一个组件，但每次只能显示其中的一张牌。适用于在同一个空间中放置多个组件的情况
	GridBagLayout（网格包布局）	GridLayout 的升级版，组件仍然按照行和列放置，但是每个组件可以占据多个网格
java. swing	BoxLayout（箱式布局）	允许在容器中纵向或者横向放置多个组件
	SpringLayout（弹簧布局）	根据一组约束条件放置控件
无	空布局	不使用布局管理器，按照组件自身提供的大小、位置信息放置组件

注意：一个容器只能有一个布局管理器，而且 Java 语言为许多容器设置了默认布局，见表 7-5。

表 7-5　容器的默认布局管理器

容器		默认布局管理器
顶层容器	JFrame	BorderLayout（边界布局）
	JDialog	BorderLayout（边界布局）
	JApplet	FlowLayout（流式布局）
中间容器	JPanel	FlowLayout（流式布局）

7.4.1 FlowLayout（流式布局）

FlowLayout 类是 Object 类的直接子类。FlowLayout 布局的特点：保持组件的原始大小；像 word 打字一样，在流式布局中，组件从左向右排列，当一行排满后会自动换行到下一行继续排列，形成一个或多个水平行；当容器大小改变后，组件的相对位置也会随之变化。FlowLayout 类有三种构造方法，见表 7-6。需要说明的是，FlowLayout 类为对齐方式定义了以下五个静态常量。

（1）FlowLayout. LEFT = 0，左对齐。

（2）FlowLayout. CENTER = 1，居中对齐。

（3）FlowLayout. RIGHT = 2，右对齐。

（4）FlowLayout. LEADING = 3，与容器方向（orientation）的起始边对齐，如果容器方向是从左至右的，则与 FlowLayout. LEFT 相同；如果容器方向是从右至左的，则与 FlowLayout. RIGHT 相同。

（5）FlowLayout. TRAILING = 4，与容器方向（orientation）的结束边对齐，如果容器方向是从左至右的，则与 FlowLayout. RIGHT 相同；如果容器方向是从右至左的，则与 FlowLayout. LEFT 相同。

表 7-6　FlowLayout 类的构造方法

构造方法	功能说明
FlowLayout()	创建一个 FlowLayout 对象，组件对齐方式为居中，组件间的水平和垂直间隙为 5 个像素
FlowLayout(int align)	创建一个 FlowLayout 对象，组件对齐方式为 align，组件间的水平和垂直间隙为 5 个像素
FlowLayout(int align, int hgap, int vgap)	创建一个 FlowLayout 对象，组件对齐方式为 align，组件间的水平间隙为 hgap 个像素，组件间的垂直间隙为 vgap 个像素

FlowLayout 示例程序：

```
package cn.edu.bjut.chapter7;

import java.awt.EventQueue;
import java.awt.FlowLayout;
```

```
import javax.swing.JButton;
import javax.swing.JFrame;

public class FlowLayoutTester {
    private JFrame frm;

    /**
     * Launch the application.
     */
    public static void main(String[] args) {
        EventQueue.invokeLater(new Runnable() {
            public void run() {
                try {
                    FlowLayoutTester window = new FlowLayoutTester();
                    window.frm.setVisible(true);
                    window.frm.pack(); // 调整窗口大小，使其适应组件的大小和布局
                    window.frm.setLocationRelativeTo(null); //让窗体居中显示
                } catch (Exception e) {
                    e.printStackTrace();
                }
            }
        });
    }

    /**
     * Create the application.
     */
    public FlowLayoutTester() {
        initialize();
    }

    /**
     * Initialize the contents of the frame.
     */
    private void initialize() {
        frm = new JFrame();
        frm.setTitle("FlowLayout 测试");
        frm.setBounds(100, 100, 450, 300);
        frm.setDefaultCloseOperation(JFrame.EXIT_ON_CLOSE);
        FlowLayout flowLayout = new FlowLayout();
        flowLayout.setAlignment(FlowLayout.LEFT);
        frm.getContentPane().setLayout(flowLayout);
```

```
        for (int i = 1; i <= 8; i++) {
            frm.getContentPane().add(new JButton(String.valueOf("Button" + i)));
        }
    }
}
```

FlowLayout 示例程序运行界面如图 7-1 所示。

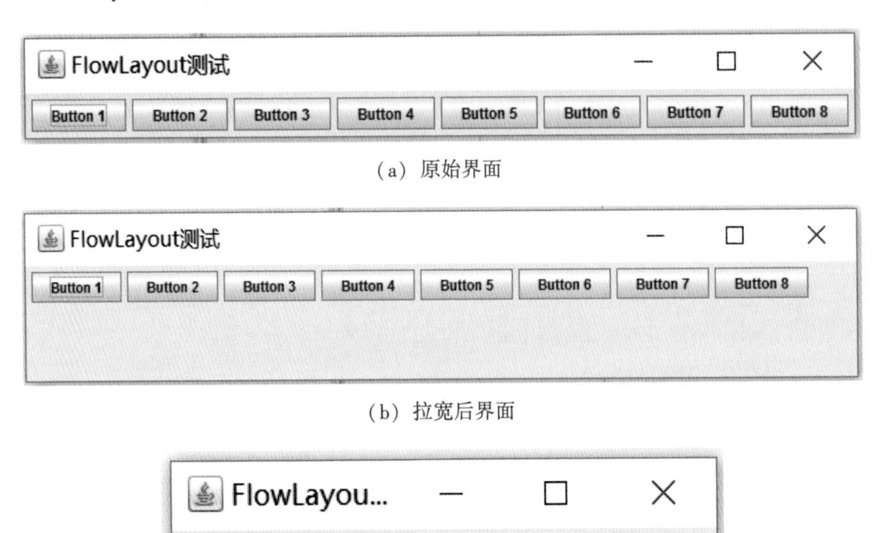

（a）原始界面

（b）拉宽后界面

（c）缩小后界面

图 7-1　FlowLayout 示例程序运行界面

7.4.2　BorderLayout（边界布局）

BorderLayout 类是 Object 类的直接子类。BorderLayout 是一个布置容器的边界布局，它可以对容器组件进行安排，并调整其大小，将容器分为东、西、南、北、中五个窗格，分别用一个常量表示：BorderLayout. EAST、BorderLayout. WEST、BorderLayout. SOUTH、BorderLayout. NORTH、BorderLayout. CENTER，南北占整行，只支持垂直扩展；东西不占整列，只支持水平扩展；中间可双向扩展，如图 7-2 所示。BorderLayout 不保持组件的原始大小，组件会自动填满窗格，添加组件时若不指明窗格，则默认放入 CENTER 窗格。每个窗格默认只能放一个组件，若想在一个窗格中放多个组件，则需要使用中间容器 JPanel。BorderLayout 类的构造方法见表 7-7。

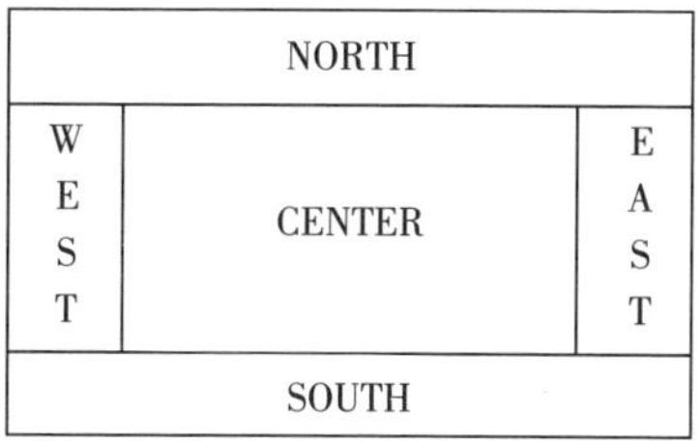

图 7-2　BorderLayout 布局管理器的窗格安排

表 7-7　BorderLayout 类的构造方法

构造方法	功能说明
BorderLayout( )	创建一个 BorderLayout 对象，组件间的水平和垂直间隙为 0 个像素
BorderLayout(int hgap, int vgap)	创建一个 BorderLayout 对象，组件间的水平间隙为 hgap 个像素，组件间的垂直间隙为 vgap 个像素

BorderLayout 示例程序：

```
package cn.edu.bjut.chapter7;

import java.awt.BorderLayout;
import java.awt.EventQueue;

import javax.swing.JButton;
import javax.swing.JFrame;

public class BorderLayoutTester {

    private JFrame frm;

    /**
     * Launch the application.
     */
```

```
public static void main(String[] args) {
    EventQueue.invokeLater(new Runnable() {
        public void run() {
            try {
                BorderLayoutTester window = new BorderLayoutTester();
                window.frm.setVisible(true);
            } catch (Exception e) {
                e.printStackTrace();
            }
        }
    });
}

/**
 * Create the application.
 */
public BorderLayoutTester() {
    initialize();
}

/**
 * Initialize the contents of the frame.
 */
private void initialize() {
    frm = new JFrame();
    frm.setTitle("BorderLayout 测试");
    frm.setBounds(100, 100, 450, 300);
    frm.setDefaultCloseOperation(JFrame.EXIT_ON_CLOSE);
    frm.getContentPane().setLayout(new BorderLayout(5, 5));

    JButton btnCenter = new JButton("CENTER");
    frm.getContentPane().add(btnCenter, BorderLayout.CENTER);

    JButton btnNorth = new JButton("NORTH");
    frm.getContentPane().add(btnNorth, BorderLayout.NORTH);

    JButton btnWest = new JButton("WEST");
    frm.getContentPane().add(btnWest, BorderLayout.WEST);
```

```
        JButton btnEast = new JButton("EAST");
        frm.getContentPane().add(btnEast, BorderLayout.EAST);

        JButton btnSouth = new JButton("SOUTH");
        frm.getContentPane().add(btnSouth, BorderLayout.SOUTH);
    }
}
```

BorderLayout 示例程序运行界面如图 7-3 所示。

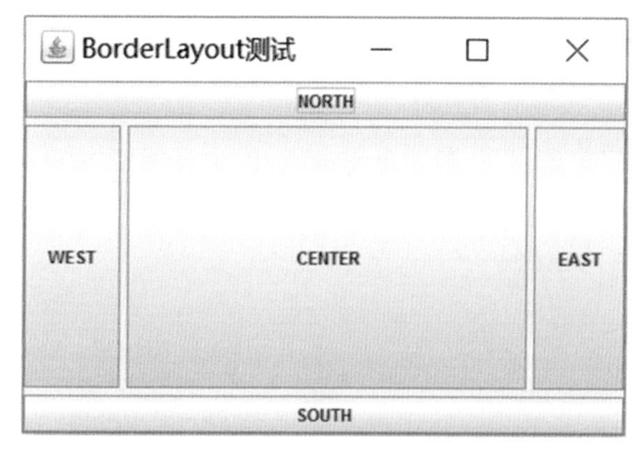

图 7-3　BorderLayout 示例程序运行界面

Java 语言的许多布局管理器（如 FlowLayout 和 BorderLayout）都比较简单，仅靠一种布局管理器难以完成实际项目的开发，通常要联合使用多种布局管理器。联合使用多种布局管理器可以为 Java GUI 开发提供更大的设计自由度和灵活性，帮助开发者构建出既美观又功能丰富的用户界面。这种布局策略需要开发者对各种布局管理器有深入的了解，并能够合理地将它们组合使用。

BorderLayout 与 FlowLayout 布局管理器联合使用示例程序：

```
package cn.edu.bjut.chapter7;

import java.awt.BorderLayout;
import java.awt.EventQueue;

import javax.swing.JButton;
import javax.swing.JFrame;
import javax.swing.JPanel;
```

```
public class BorderFlowLayoutTester {
  private JFrame frm;

  /**
   * Launch the application.
   */
  public static void main(String[] args) {
    EventQueue.invokeLater(new Runnable() {
      public void run() {
        try {
          BorderFlowLayoutTester window = new BorderFlowLayoutTester();
          window.frm.setVisible(true);
          window.frm.pack();
          window.frm.setLocationRelativeTo(null);
        } catch (Exception e) {
          e.printStackTrace();
        }
      }
    });
  }

  /**
   * Create the application.
   */
  public BorderFlowLayoutTester() {
    initialize();
  }

  /**
   * Initialize the contents of the frame.
   */
  private void initialize() {
    frm = new JFrame();
    frm.setTitle("混合布局");
    frm.setBounds(100, 100, 527, 325);
    frm.setDefaultCloseOperation(JFrame.EXIT_ON_CLOSE);
    frm.getContentPane().setLayout(new BorderLayout(5, 5));

    JButton btnNorth = new JButton("NORTH");
    frm.getContentPane().add(btnNorth, BorderLayout.NORTH);
```

```
        JButton btnWest = new JButton("WEST");
        frm.getContentPane().add(btnWest, BorderLayout.WEST);

        JButton btnEast = new JButton("EAST");
        frm.getContentPane().add(btnEast, BorderLayout.EAST);

        JButton btnSouth = new JButton("SOUTH");
        frm.getContentPane().add(btnSouth, BorderLayout.SOUTH);

        JPanel panel = new JPanel();
        frm.getContentPane().add(panel, BorderLayout.CENTER);

        JButton[] buttons = new JButton[9];
        for (int i = 0; i < 9; i++) {
            buttons[i] = new JButton(String.valueOf(i));
            panel.add(buttons[i]);
        }
    }
}
```

BorderLayout 和 FlowLayout 联合使用示例程序运行界面如图 7-4 所示。

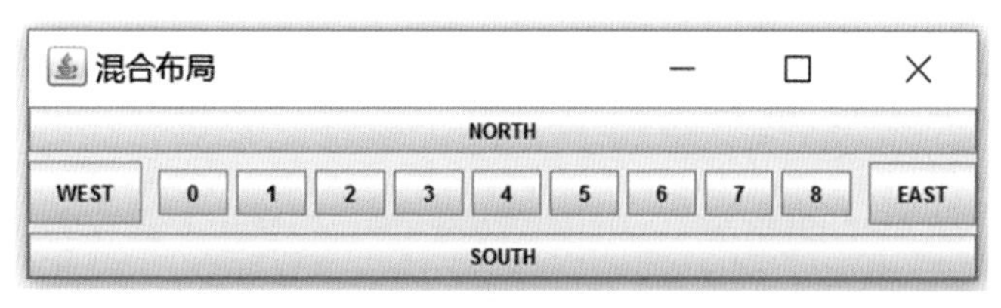

（a）原始界面

（b）缩小后界面

图 7-4　BorderLayout 和 FlowLayout 联合使用示例程序运行界面

7.4.3 GridLayout（网格布局）

GridLayout以网格方式排列，像表格一样，它将容器分为指定的网格数：M行×N列。在每个网格中默认只能放一个组件，每个网格的大小一样；若想在一个网格中放多个组件，则需要使用中间容器JPanel。它不保持组件的原始大小，允许某个网格中不放组件；若想要放组件，则按照从左向右、从上向下的顺序在每个网格中放一个组件。GridLayout类的构造方法见表7-8。

表7-8 GridLayout类的构造方法

构造方法	功能说明
GridLayout( )	创建一个GridLayout对象，1行×1列
GridLayout(int rows,int cols)	创建一个GridLayout对象，rows行×cols列
GridLayout(int rows,int cols, int hgap,int vgap)	创建一个GridLayout对象，rows行×cols列，组件间水平间隙为hgap个像素，组件间垂直间隙为vgap个像素

GridLayout示例程序：

```
package cn.edu.bjut.chapter7;

import java.awt.BorderLayout;
import java.awt.EventQueue;
import java.awt.GridLayout;

import javax.swing.JButton;
import javax.swing.JFrame;
import javax.swing.JPanel;
import javax.swing.JTextArea;
import java.awt.Color;
import java.awt.ComponentOrientation;

public class Calculator {
  private JFrame frm;

  /**
   * Launch the application.
   */
```

```
public static void main(String[] args) {
  EventQueue.invokeLater(new Runnable() {
    public void run() {
      try {
        Calculator window = new GridLayoutTester();
        window.frm.setVisible(true);
        window.frm.pack();
        window.frm.setLocationRelativeTo(null);
      } catch (Exception e) {
        e.printStackTrace();
      }
    }
  });
}

/**
 * Create the application.
 */
public Calculator() {
  initialize();
}

/**
 * Initialize the contents of the frame.
 */
private void initialize() {
  frm = new JFrame();
  frm.setBounds(100, 100, 450, 300);
  frm.setDefaultCloseOperation(JFrame.EXIT_ON_CLOSE);

  JTextArea txtArea = new JTextArea();
  txtArea.setLineWrap(true);
  txtArea.setBackground(Color.PINK);
  frm.getContentPane().add(txtArea, BorderLayout.NORTH);
  txtArea.setColumns(10);
  txtArea.setComponentOrientation(ComponentOrientation.RIGHT_TO_LEFT);

  JPanel panel = new JPanel();
  frm.getContentPane().add(panel, BorderLayout.CENTER);
  panel.setLayout(new GridLayout(4, 4, 3, 3));
```

```
        String [ ] names = { "7", "8", "9", "/", "4", "5", "6", "*  ",
                "1", "2", "3", "- ", "0", ".", "=", "+" };
        JButton[ ] buttons = new JButton[names.length];
        for (int i = 0; i < names.length; i++) {
            buttons[i] = new JButton(names[i]);
            panel.add(buttons[i]);
        }
    }
}
```

计算器示例程序运行界面如图 7-5 所示。

图 7-5　计算器示例程序运行界面

7.4.4　CardLayout（卡片布局）

CardLayout 就像一叠扑克牌，每次只能看见最上面的一张牌，支持上翻和下翻，类似于分页，有首页、上一页、下一页和末页的功能。卡片布局将容器布局分为一张张卡片，第一次运行只能看见最上面的卡片，想要看见后面的卡片需要往后翻。在现实中，这种布局用得非常多，如图片浏览器就是一张张地翻图片；安装软件过程界面也是卡片式的，每次单击 next 按钮，就显示下一步的界面。表 7-9 所示为 CardLayout 类的构造方法，CardLayout 是一个具有事件功能的布局。表 7-10 所示为 CardLayout 类的常用成员方法。

表 7-9　CardLayout 类的构造方法

构造方法	功能说明
CardLayout( )	创建一个 CardLayout 对象，1 行×1 列，组件间的水平和垂直间隙为 0 个像素
CardLayout(int hgap,int vgap)	创建一个 CardLayout 对象，组件间的水平间隙为 hgap 个像素，组件间的垂直间隙为 vgap 个像素

表 7-10　CardLayout 类的常用成员方法

成员方法	功能说明
void first(Container parent)	显示容器 parent 中的第一张卡片
void last(Container parent)	显示容器 parent 中的最后一张卡片
void next(Container parent)	显示容器 parent 中的下一张卡片
void previous(Container parent)	显示容器 parent 中的前一张卡片
void show (Container parent, String name)	显示容器 parent 中的名称为 name 的卡片

CardLayout 示例程序：

```
package cn.edu.bjut.chapter7;

import java.awt.BorderLayout;
import java.awt.CardLayout;
import java.awt.EventQueue;
import java.awt.FlowLayout;
import java.awt.event.ActionEvent;
import java.awt.event.ActionListener;

import javax.swing.JButton;
import javax.swing.JFrame;
import javax.swing.JPanel;

public class CardLayoutTester implements ActionListener {
    private JFrame frm;
    private JButton btnPrevious, btnNext, btnLast, btnFirst;
    private JPanel panelCard;
    private CardLayout cardLayout;
```

```
/**
 * Launch the application.
 */
public static void main(String[] args) {
  EventQueue.invokeLater(new Runnable() {
    public void run() {
      try {
        CardLayoutTester window = new CardLayoutTester();
        window.frm.setVisible(true);
        window.frm.pack();
        window.frm.setLocationRelativeTo(null);
      } catch (Exception e) {
        e.printStackTrace();
      }
    }
  });
}

/**
 * Create the application.
 */
public CardLayoutTester() {
  initialize();
}

/**
 * Initialize the contents of the frame.
 */
private void initialize() {
  frm = new JFrame();
  frm.setTitle("CardLayout 布局");
  frm.setBounds(100, 100, 450, 300);
  frm.setDefaultCloseOperation(JFrame.EXIT_ON_CLOSE);
  frm.getContentPane().setLayout(new BorderLayout(0, 0));

  JPanel panelControl = new JPanel();
  frm.getContentPane().add(panelControl, BorderLayout.SOUTH);
  panelControl.setLayout(new FlowLayout(FlowLayout.CENTER, 5, 5));
```

```
        panelCard = new JPanel();
        frm.getContentPane().add(panelCard, BorderLayout.CENTER);
        cardLayout = new CardLayout(0, 0);
        panelCard.setLayout(cardLayout);

        JButton[] buttons = new JButton[10];
        for (int i = 0; i < buttons.length; i++) {
            buttons[i] = new JButton("第    " + String.valueOf(i) + "个按钮");
            panelCard.add(buttons[i]);
        }

        btnFirst = new JButton("第一张");
        btnFirst.addActionListener(this);
        panelControl.add(btnFirst);

        btnPrevious = new JButton("上一张");
        btnPrevious.addActionListener(this);
        panelControl.add(btnPrevious);

        btnNext = new JButton("下一张");
        btnNext.addActionListener(this);
        panelControl.add(btnNext);

        btnLast = new JButton("最后一张");
        btnLast.addActionListener(this);
        panelControl.add(btnLast);
    }

    @Override
    public void actionPerformed(ActionEvent e) {
        if (e.getSource().equals(btnFirst)) {
            cardLayout.first(panelCard);
        } else if (e.getSource().equals(btnLast)) {
            cardLayout.last(panelCard);
        } else if (e.getSource().equals(btnNext)) {
            cardLayout.next(panelCard);
        } else if (e.getSource().equals(btnPrevious)) {
            cardLayout.previous(panelCard);
        }
    }
}
```

CardLayout 示例程序运行界面如图 7-6 所示，由于“第一张”、“上一张”、“下一张”和“最后一张”添加了事件，通过单击，会显示不同的按钮。

图 7-6　CardLayout 示例程序运行界面

7.4.5　BoxLayout（箱式布局）

BoxLayout 只有两种排列方式：一种是水平方式，另一种是垂直方式。BoxLayout 通常与 Box 容器结合使用，Box 容器的默认布局是 BoxLayout，而且只能使用这个布局。当组件按 BoxLayout 布局排列好后，不论窗口缩小或放大，都不会变动：当使用水平排列方式时，若放进去的组件不等高，则系统会使所有的组件与最高组件等高；当放在同一行的组件超出容器的宽度时，系统不会自动换行，需要用户自行处理。BoxLayout 类和 Box 类的构造方法见表 7-11，Box 类的常用成员方法见表 7-12。

表 7-11　BoxLayout 类和 Box 类的构造方法

构造方法	功能说明
BoxLayout(Container target,int axis)	创建一个 BoxLayout 对象，target 是容器对象，axis 指明 target 中组件的排列方式，其值可为表示水平排列的 BoxLayout. X_AXIS，或为表示垂直排列的 BoxLayout. Y_AXIS
Box(int axis)	创建一个 Box 对象，axis 用以指定 Box 容器中的组件是按水平还是垂直方式排列，取值与 BoxLayout 中的 axis 相同，也可以使用 Box 类提供的成员方法 createHorizontalBox()与 createVerticalBox()来指定

表 7-12　Box 类的常用成员方法

成员方法	功能说明
static Box createHorizontalBox( )	创建一个水平方式排列的 Box 对象，等同于构造方法 Box(BoxLayout. X_AXIS)
static Box createVerticalBox( )	创建一个垂直方式排列的 Box 对象，等同于构造方法 Box(BoxLayout. Y_AXIS)
static Component createHorizontalGlue( )	创建一个水平方向的 Glue 对象
static Component createVerticalGlue( )	创建一个垂直方向的 Glue 对象
static Component createHorizontalStrut(int width)	创建一个水平方向的 Strut 对象
static Component createVerticalStrut (int height)	创建一个垂直方向的 Strut 对象
static Component createRigidArea(Dimension d)	根据 Dimension 对象 d 创建一个 RigidArea 对象，对象 d 包含 width （宽度） 和 height （高度） 两个属性

Box 容器提供了三种透明组件 Glue、Strut 和 RigidArea，可以将这些透明组件插入其他组件的中间，使各个组件产生分开的效果。组件的作用分别如下：

（1） Glue：将 Glue 两边的组件挤到容器的两端。

（2） Strut：将 Strut 两端的组件按水平或垂直方向指定的大小分开。

（3） RigidArea：设置二维的限制，将组件按水平或垂直方向指定的大小分开，但不能同时定义水平和垂直尺寸。

BoxLayout 示例程序：

```
package cn.edu.bjut.chapter7;

import java.awt.BorderLayout;
import java.awt.EventQueue;

import javax.swing.Box;
import javax.swing.BoxLayout;
import javax.swing.JButton;
import javax.swing.JFrame;
```

```
import javax.swing.JPanel;
import javax.swing.JScrollPane;
import javax.swing.JTable;
import javax.swing.table.DefaultTableModel;

public class BoxLayoutTester {
  private JFrame frm;

  /**
   * Launch the application.
   */
  public static void main(String[] args) {
    EventQueue.invokeLater(new Runnable() {
      public void run() {
        try {
          BoxLayoutTester window = new BoxLayoutTester();
          window.frm.setVisible(true);
          window.frm.pack();
          window.frm.setLocationRelativeTo(null);
        } catch (Exception e) {
          e.printStackTrace();
        }
      }
    });
  }

  /**
   * Create the application.
   */
  public BoxLayoutTester() {
    initialize();
  }

  /**
   * Initialize the contents of the frame.
   */
  private void initialize() {
    frm = new JFrame();
    frm.setTitle("BoxLayout 容器测试");
    frm.setBounds(100, 100, 450, 300);
```

```
    frm.setDefaultCloseOperation(JFrame.EXIT_ON_CLOSE);
    frm.getContentPane().setLayout(new BorderLayout(0, 0));

    JPanel topPanel = createTopPanel();
    frm.getContentPane().add(topPanel, BorderLayout.CENTER);

    JPanel bottomPanel = createBottomPanel();
    frm.getContentPane().add(bottomPanel, BorderLayout.SOUTH);
  }

  private JPanel createTopPanel() {
    String[] columnName = { "姓名", "性别", "单位", "参加项目", "备注" };
    String[][] rowData = { { "高明", "男", "计算机学院", "100 米, 铅球", "" },
                           { "白雪", "女", "经管学院", "100 米, 200 米", "" },
                           { "高山", "男", "人文学院", "1000 米", "" } };

    JTable table = new JTable(new DefaultTableModel(rowData, columnName));
    JScrollPane scrollPane = new JScrollPane(table);

    scrollPane. setVerticalScrollBarPolicy ( JScrollPane. VERTICAL _ SCROLLBAR _ AS _
    NEEDED);

    JPanel topPanel = new JPanel();
    topPanel.setLayout(new BoxLayout(topPanel, BoxLayout.Y_AXIS));
    topPanel.add(Box.createVerticalStrut(10));
    topPanel.add(scrollPane);
    topPanel.add(Box.createVerticalStrut(10));

    return topPanel;
    }

    private JPanel createBottomPanel() {
      JButton okButton = new JButton("确定");
      JButton closeButton = new JButton("关闭");

      JPanel buttonPanel = new JPanel();
      buttonPanel.setLayout(new BoxLayout(buttonPanel, BoxLayout.X_AXIS));
      buttonPanel.add(okButton);
      buttonPanel.add(Box.createHorizontalGlue());
      buttonPanel.add(closeButton);
```

```
        JPanel bottomPanel = new JPanel();
        bottomPanel.setLayout(new BoxLayout(bottomPanel, BoxLayout.Y_AXIS));
        bottomPanel.add(Box.createVerticalStrut(10));
        bottomPanel.add(buttonPanel);
        bottomPanel.add(Box.createVerticalStrut(10));

        return bottomPanel;
    }
}
```

BoxLayout 示例程序运行界面如图 7-7 所示。

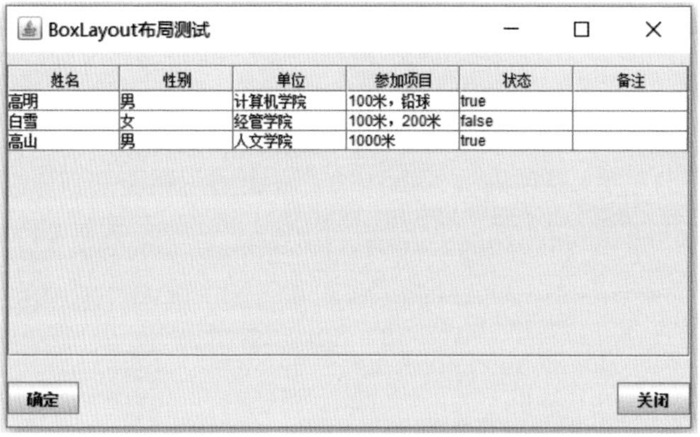

图 7-7　BoxLayout 示例程序运行界面

7.4.6　GridBagLayout（网格包布局）

GridBagLayout 是一种复杂的网格布局，具有很强的特性，这种布局允许容器中各个组件的大小各不相同，也允许组件跨越多个网格，还允许组件之间相互部分重叠。GridBagLayout 可以使网格单元布局更合理，因为一个容器被划分为若干个网格单元，而每个组件放置在一个或多个网格单元中，如图 7-8 所示。

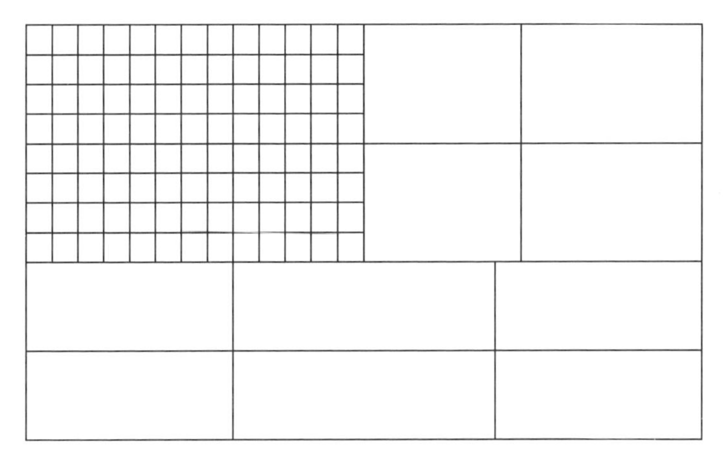

图 7-8　复杂网络布局示意图

GridBagLayout 示例程序：

```
package cn.edu.bjut.chapter7;

import java.awt.EventQueue;
import java.awt.GridBagConstraints;
import java.awt.GridBagLayout;

import javax.swing.DefaultListModel;
import javax.swing.JButton;
import javax.swing.JFrame;
import javax.swing.JLabel;
import javax.swing.JList;
import javax.swing.JScrollPane;
import javax.swing.JTable;
import javax.swing.JTextField;
import javax.swing.ListSelectionModel;
import javax.swing.table.DefaultTableModel;

public class GridBagLayoutTester {
    private JFrame frm;
    /**
     * Launch the application.
     */
```

```
public static void main(String[] args) {
    EventQueue.invokeLater(new Runnable() {
        public void run() {
            try {
                GridBagLayoutTester window = new GridBagLayoutTester();
                window.frm.setVisible(true);
                window.frm.pack();
                window.frm.setLocationRelativeTo(null);
            } catch (Exception e) {
                e.printStackTrace();
            }
        }
    });
}

/**
 * Create the application.
 */
public GridBagLayoutTester() {
    initialize();
}

/**
 * Initialize the contents of the frame.
 */
private void initialize() {
    frm = new JFrame();
    frm.setTitle("GridBagLayout 布局测试");
    frm.setBounds(100, 100, 537, 383);
    frm.setDefaultCloseOperation(JFrame.EXIT_ON_CLOSE);
    frm.getContentPane().setLayout(new GridBagLayout());

    GridBagConstraints constraints = new GridBagConstraints();
    constraints.fill = GridBagConstraints.BOTH;

    JLabel affiliationLabel = new JLabel("单位:    ");
    frm.getContentPane().add(affiliationLabel, constraints);

    JTextField affiliationText = new JTextField();
    affiliationText.setColumns(30);
```

```
constraints.gridx = 1;
constraints.gridwidth = 3;
constraints.weightx = 1;
frm.getContentPane().add(affiliationText, constraints);

JLabel ageLabel = new JLabel("年龄: ");
constraints.gridx = 4;
constraints.gridwidth = 1;
constraints.weightx = 0;
frm.getContentPane().add(ageLabel, constraints);

JTextField ageText = new JTextField();
ageText.setColumns(5);
constraints.gridx = 5;
frm.getContentPane().add(ageText, constraints);

JButton queyButton = new JButton("查询");
constraints.gridx = 6;
frm.getContentPane().add(queyButton, constraints);

JLabel classLabel = new JLabel("类别:    ");
constraints.gridx = 0;
constraints.gridy = 1;
frm.getContentPane().add(classLabel, constraints);

//创建列表运动会项目
DefaultListModel<String> listModel = new DefaultListModel<String>();
listModel.addElement("100 米");
listModel.addElement("200 米");
listModel.addElement("1000 米");
listModel.addElement("跳远");
listModel.addElement("跳高");
listModel.addElement("铅球");
JList<String> list = new JList<String>(listModel);

list.setSelectionMode(ListSelectionModel.MULTIPLE_INTERVAL_SELECTION);
JScrollPane scrollListPane = new JScrollPane(list);
scrollListPane.setVerticalScrollBarPolicy(JScrollPane.VERTICAL_SCROLLBAR_ALWAYS);
constraints.gridy = 2;
```

```
        constraints.gridwidth = 2;
        constraints.weighty = 1;
        frm.getContentPane().add(scrollListPane, constraints);

        //查询结果
        String[] columnName = { "姓名", "性别", "单位", "参加项目", "备注" };
        String[][] rowData = { { "高明", "男", "计算机学院", "100 米, 铅球", "" },
                               { "白雪", "女", "经管学院", "100 米, 200 米", "" },
                               { "高山", "男", "人文学院", "1000 米", "" } };
        JTable table = new JTable(new DefaultTableModel(rowData, columnName));
        JScrollPane scrollTablePane = new JScrollPane(table);

        scrollTablePane.setVerticalScrollBarPolicy(JScrollPane.VERTICAL_SCROLLBAR_AL-
        WAYS);
        constraints.gridx = 2;
        constraints.gridy = 1;
        constraints.gridwidth = 5;
        constraints.gridheight = 2;
        constraints.weightx = 1;
        frm.getContentPane().add(scrollTablePane, constraints);
    }
}
```

GridBagLayout 示例程序运行界面如图 7-9 所示。

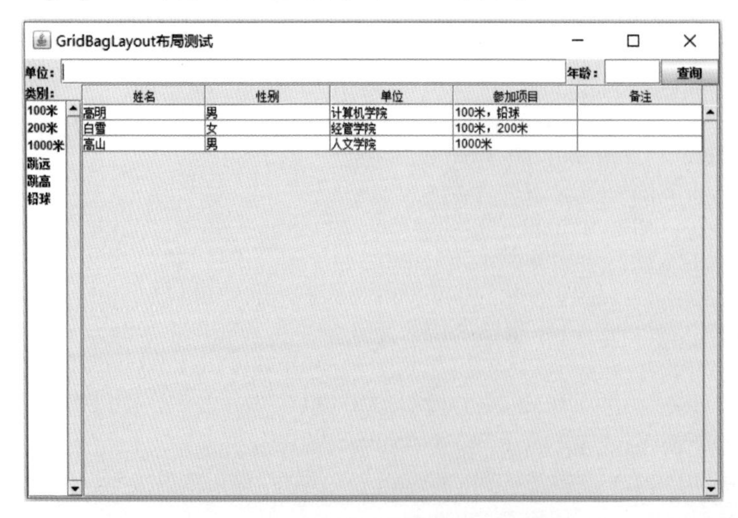

图 7-9　GridBagLayout 示例程序运行界面

本章习题

充分利用 BorderLayout、FlowLayout、BoxLayout 等布局管理器以及相关组件，为第6章习题设计一个界面，界面应包含增加、查询和删除等按钮，可根据申请日期、IPC 分类号和 CPC 分类号查询和删除相应的专利文献（暂不实现具体事件响应）。

第 8 章 高级图形用户界面设计

※ 掌握事件适配器的用法（重点）。
※ 掌握 KeyEvent 事件及其响应（重点）。
※ 掌握 MouseEvent 事件及其响应（重点）。
※ 掌握 JScrollBar 组件的用法（重点）。
※ 掌握 JTabbedPane 容器的用法（重点）。
※ 掌握菜单设计方法（重点）。
※ 掌握对话框设计方法（重点）。

8.1 事件响应原理

设计和实现图形用户界面的主要工作有三个方面：①创建组件，创建组成界面的各种成分、元素和属性；②指定布局，根据需要排列它们的位置；③响应事件，定义图形用户界面的事件和各界面元素对不同事件的响应，实现图形用户界面与用户的交互功能。

8.1.1 事件与事件源

事件（Event）是从一个事件源产生的对象，是事件类的实例。触发一个事件意味着产生一个事件并委派处理器处理该事件。例如，用户单击窗口关闭按钮，发生窗口关闭事件；用户单击一个按钮，产生单击事件。产生一个事件并且触发其组件称为事件源对象，或者简称为源对象或者源组件。例如，一个按钮是一个按钮单击动作事件的源对象。

当运行一个 Java GUI 程序时，程序和用户进行交互，并且事件驱动相应代码的执行，称为事件驱动编程。一个事件可以被定义为一个告知程序某件事发生的信号，事件由外部的用户动作（如鼠标的移动、单击和键盘输入）所触发，程序可以选择响应或者忽略一个事件。

8.1.2　事件监听器

Java 事件监听器由事件类和监听接口组成，自定义一个事件前，必须提供一个事件的监听接口以及一个事件类。Java 语言中监听接口继承 java. util. EventListener 接口，事件类继承 java. util. EventObject 类。事件监听器不断地监听事件源的动作，当事件源产生一个事件时，监听器接收到事件源的通知后，就会调用特定的方法执行指定的动作。

8.1.3　委托事件模型

当用户单击窗口或按钮等组件，想让程序执行希望的操作时，需要实现该事件对应的事件监听器接口，也就是告诉程序如果发生这类事件该如何处理。这样显然还不够，不是谁发生该类事件都要进行处理，还要指明哪个事件源发生该类事件才需要处理。因此，还需要在事件源上注册该监听器对象。这样事件源和事件监听器之间就建立了联系，当事件源发生该事件时，注册在事件源上的监听器对象就能监听到该事件，从而执行事件监听器的对应方法，这就是事件委托模型。

在 Java 语言中，委托事件模型的处理步骤如下：

（1）建立事件源对象，如各种 GUI 的组件。

（2）为事件源对象选择合适的事件监听器，例如，如果事件源对象是按钮，那么发生在按钮上最多的事件应该是单击事件，这时就可以选择鼠标单击事件的监听器。

（3）为监听器添加适当的处理程序，如当按钮单击事件发生后希望完成的代码。

（4）为监听器与事件源建立联系。

8.2 事件适配器

Java 语言采用基于委托事件的模型进行事件处理：一个源对象触发一个事件，然后一个对该事件感兴趣的对象处理它。当事件产生时，可以通过注册的监听器对象的 Listener 接口的事件处理方法来处理。当一个 Listener 接口有很多处理方法时，不管是否需要，都必须实现所有方法。

Listener 示例程序：

```
package cn.edu.bjut.chapter8;

import java.awt.event.MouseEvent;
import java.awt.event.MouseListener;

public class ListenerTester implements MouseListener {
   @Override
   public void mouseClicked(MouseEvent arg0) {
      // TODO Auto- generated method stub
   }
   @Override
   public void mouseEntered(MouseEvent arg0) {
      // TODO Auto- generated method stub
   }
   @Override
   public void mouseExited(MouseEvent arg0) {
      // TODO Auto- generated method stub
   }
   @Override
   public void mousePressed(MouseEvent arg0) {
      // TODO Auto- generated method stub
   }
   @Override
   public void mouseReleased(MouseEvent arg0) {
      // TODO Auto- generated method stub
   }
}
```

这样会造成资源的浪费，为了解决这个问题，Java 语言给这些 Listener 接口提供了事件适配器类。事件适配器是监听器接口的空实现，事件适配器实现了监听器接口，并为该接口中的每个方法都提供了实现，这种实现是一种空实现（方法体内没有任何代码的实现）。当需要创建监听器时，可以通过继承事件适配器，而不是实现监听器接口。因为事件适配器已经为监听器接口的每个方法提供了空实现，所以程序自己的监听器无须实现监听器接口里的每个方法，只需要重写自己感兴趣的方法，从而可以简化事件监听器的实现类代码。事件适配器是从接口事件演变而来的，相当于触发器，可以简单地理解为一些动作，如按下鼠标左键单击等。适配器主要是为了方便程序员操作，避免了代码的重复，这样可以减少程序代码的编写量。在 java. awt. event 包中定义的事件适配器类与监听器接口的对应关系见表 8-1。

表 8-1　事件适配器类与监听器接口的对应关系

适配器类	监听器接口
ComponentAdapter	ComponentListener
ContainerAdapter	ContainerListener
FocusAdapter	FocusListener
KeyAdapter	KeyListener
MouseAdapter	MouseListener
	MouseMotionListener
	MouseWheelListener
MouseMotionAdapter	MouseMotionListener
WindowAdapter	WindowFocusListener
	WindowListener
	WindowStateListener

8.3　KeyEvent 事件及其响应

按下、释放或者敲击键盘按键，就会触发一个 KeyEvent 事件。键盘事件使得可以采用键盘来控制和执行动作，或者从键盘获得输入。KeyEvent 对象描述了事件的性质（按键被按下、释放或者敲击）及键值。KeyListener 接口和 KeyAdapter 适配器类能够监听这三种事件，处理这三种事件的方法见表 8-2。KeyEvent 类封装了键盘操作的所有相关信息，包括键的按下、释放以及按键类型等，其常用成员方法见表 8-3。

表 8-2　KeyListener 接口和 KeyAdapter 适配器类的常用成员方法

成员方法	功能说明
void keyPressed(KeyEvent e)	按下某个键时调用此方法，KeyEvent 对象 e 包含了键盘事件的详细信息
void keyReleased(KeyEvent e)	释放某个键时调用此方法，KeyEvent 对象 e 包含了键盘事件的详细信息
void keyTyped(KeyEvent e)	键入某个符号时调用此方法，KeyEvent 对象 e 包含了键盘事件的详细信息

表 8-3　KeyEvent 类的常用成员方法

成员方法	功能说明
char getKeyChar()	返回当前键盘事件对象中的键关联的字符，就是通过键盘输入的字符
int getKeyCode()	返回当前键盘事件对象中的键关联的虚拟键码，键码通常用来标示键盘上的具体键位，主要虚拟键码常量见表 8-4
int getKeyLocation()	返回当前键盘事件对象中的键位置，用于区分键盘上相同功能的多个键，如左、右 Shift 键，位置键的键码常量见表 8-5
static String getKeyModifiersText(int modifiers)	将修饰键的状态 modifiers 转换成人类可读的字符串，修饰键通常包括 Shift、Ctrl、Alt 等，参数 modifiers 可从 InputEvent 父类的 getModifiers()方法获取
static String getKeyText(int keyCode)	将虚拟键码 keyCode 转换为对应的键名字符串
boolean isActionKey()	返回当前键盘事件对象中的键是否为动作键。动作键的定义可能会根据应用程序的上下文有所不同，但通常包括 Enter 键、空格键、功能键、导航链（上、下、左、右箭头键）等
String paramString()	返回包含当前键盘事件详细信息的字符串，对于调试和日志记录非常有用

续表

成员方法	功能说明
void setKeyChar(char keyChar)	将 keyChar 设置为键盘事件的字符值，对于自定义键盘事件或模拟键盘输入的场景非常有用
void setKeyCode(int keyCode)	将 keyCode 设置为键盘事件的虚拟键码，对于自定义键盘事件或模拟键盘输入的场景非常有用

每个键盘事件都有一个相关的编码，可以通过 KeyEvent 的 getCode()方法返回。键的编码是定义在 KeyCode 中的常量，主要虚拟键码常量和位置键的键码常量见表 8-4 和表 8-5。

表 8-4　主要虚拟键码常量

常量	描述	常量	描述
VK_HOME	Home 键	VK_CONTROL	控制键
VK_END	End 键	VK_SHIFT	Shift 键
VK_PAGE_UP	Page Up 键	VK_ALT	Alt 键
VK_PAGE_DOWN	Page Down 键	VK_BACK_SPACE	退格键
VK_UP	上箭头	VK_ESCAPE	Esc 键
VK_DOWN	下箭头	VK_TAB	Tab 键
VK_LEFT	左箭头	VK_ENTER	Enter 键
VK_RIGHT	右箭头	VK_F1~VK_F12	F1~F12
VK_CAPS_LOCK	大写锁定键	VK_0~VK_9	0~9
VK_NUM_LOCK	小键盘锁定键	VK_A~VK_Z	A~Z

表 8-5　位置键的键码常量

常量	描述
VK_LOCATION_LEFT	键盘的左侧
VK_LOCATION_RIGHT	键盘的右侧
VK_LOCATION_STANDARD	不区分左右，也不区分数字键盘区域和非数字键盘区域
VK_LOCATION_NUMPAD	键盘的数字键盘区域
VK_LOCATION_UNKNOWN	位置未知或无法确定

KeyEvent 事件及其响应（文本拷贝）示例程序：

```
package cn.edu.bjut.chapter8;

import java.awt.BorderLayout;
import java.awt.EventQueue;
import java.awt.FlowLayout;
import java.awt.Font;
import java.awt.event.KeyAdapter;
import java.awt.event.KeyEvent;

import javax.swing.JFrame;
import javax.swing.JLabel;
import javax.swing.JPanel;
import javax.swing.JTextArea;
import javax.swing.JTextField;
import javax.swing.JScrollPane;

public class KeyAdapterTester extends KeyAdapter {
   private JFrame frame;
   private JTextField textInput;
   private JTextArea textCopy;

   /**
    * Launch the application.
    */
   public static void main(String[] args) {
      EventQueue.invokeLater(new Runnable() {
         public void run() {
            try {
               KeyAdapterTester window = new KeyAdapterTester();
               window.frame.setVisible(true);
               window.frame.pack();
               window.frame.setResizable(false);
               window.frame.setLocationRelativeTo(null);
            } catch (Exception e) {
               e.printStackTrace();
            }
         }
      });
   }
```

```
/**
 * Create the application.
 */
public KeyAdapterTester() {
    initialize();
}

/**
 * Initialize the contents of the frame.
 */
private void initialize() {
    frame= new JFrame();
    frame.setTitle("文本拷贝测试");
    frame.setBounds(100, 100, 450, 300);
    frame.setDefaultCloseOperation(JFrame.EXIT_ON_CLOSE);

    JPanel panelInput = new JPanel();
    FlowLayout flowLayoutInput = (FlowLayout) panelInput.getLayout();
    flowLayoutInput.setAlignment(FlowLayout.LEFT);
    frame.getContentPane().add(panelInput, BorderLayout.NORTH);

    JLabel lblInput = new JLabel("请按键盘: ");
    lblInput.setFont(new Font("宋体", Font.PLAIN, 18));
    panelInput.add(lblInput);

    textInput = new JTextField();
    textInput.addKeyListener(this);
    textInput.setFont(new Font("宋体", Font.PLAIN, 18));
    textInput.setColumns(30);
    panelInput.add(textInput);

    JPanel panelCopy = new JPanel();
    FlowLayout flowLayoutCopy = (FlowLayout) panelCopy.getLayout();
    flowLayoutCopy.setAlignment(FlowLayout.LEFT);
    frame.getContentPane().add(panelCopy, BorderLayout.CENTER);

    JLabel lblCopy = new JLabel("复制结果:    ");
    lblCopy.setFont(new Font("宋体", Font.PLAIN, 18));
    panelCopy.add(lblCopy);
```

```
        textCopy = new JTextArea();
        textCopy.setRows(8);
        textCopy.setLineWrap(true);
        textCopy.setEditable(false);
        textCopy.setFont(new Font("宋体", Font.PLAIN, 18));
        textCopy.setColumns(30);
        JScrollPane scrollPane = new JScrollPane(textCopy);
        panelCopy.add(scrollPane);
    }

    @Override
    public void keyTyped(KeyEvent e) {
        String input = textInput.getText() + e.getKeyChar();
        if (e.getKeyChar() == '\n') {
            String copy = textCopy.getText() + input;
            textInput.setText("");
            textCopy.setText(copy);
        }
    }
}
```

文本拷贝程序运行界面如图 8-1 所示。

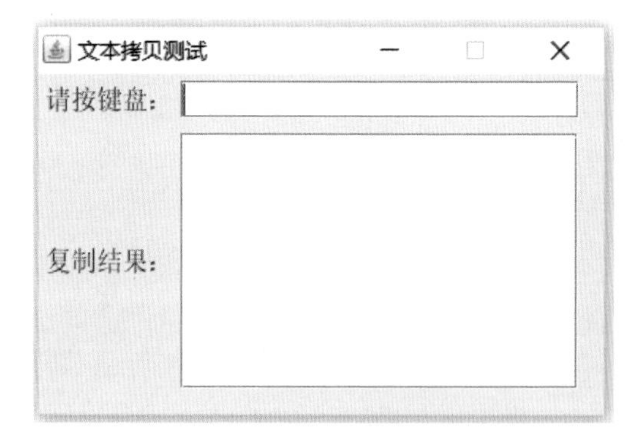

图 8-1　文本拷贝示例程序运行界面

8.4　MouseEvent 事件及其响应

当鼠标按键被按下、释放、单击、移动或者拖动时，MouseEvent 事件会被触发。鼠标主要用来进行选择或切换等，因此当用户用鼠标在 GUI 上进行交互操作时，会产生 MouseEvent 事件。MouseEvent 对象负责捕捉相关信息，如单击数、鼠标位置或者哪个鼠标按键被按下。

Java 语言提供了三个处理鼠标事件的监听器接口，即 MouseListener、MouseMotionListener 和 MouseWheelListener，以及适配器类 MouseAdapter。实现 MouseListener 接口可以监听鼠标的按下、释放、进入、退出和单击动作。实现 MouseMotionListener 接口可以监听拖动鼠标和鼠标的移动动作。实现 MouseWheelListener 接口可以监听鼠标滚轮的滚动动作。MouseAdapter 类能够监听所有与鼠标相关的事件。处理鼠标相关事件的常用成员方法见表 8-6。MouseEvent 类和 MouseWheelEvent 类封装了鼠标操作的所有相关信息，包括鼠标的位置、单击次数和滚轮滚动量等，其常用成员方法见表 8-7 和表 8-8。

表 8-6　MouseListener、MouseMotionListener 和 MouseWheelListener 接口和 MouseAdapter 类的常用成员方法

事件监听器	成员方法	功能说明
MouseListener MouseAdapter	void mousePressed(MouseEvent e)	在源组件上按下鼠标按键时调用此方法
	void mouseReleased(MouseEvent e)	释放源组件上的鼠标按键时调用此方法
	void mouseClicked(MouseEvent e)	在源组件上单击鼠标按键时调用此方法
	void mouseEntered(MouseEvent e)	鼠标进入源组件后调用此方法
	void mouseExited(MouseEvent e)	鼠标退出源组件后调用此方法
MouseMotionListener MouseAdapter	void mouseDragged(MouseEvent e)	在源组件上按下鼠标按键并拖动时调用此方法
	void mouseMoved(MouseEvent e)	鼠标移动到源组件上但无按键按下时调用此方法
MouseWheelListener MouseAdapter	void mouseWheelMoved(MouseWheelEvent e)	在源组件上滚动鼠标滚轮时调用此方法

注：MouseEvent 和 MouseWheelEvent 对象 e 包含了鼠标事件的详细信息。

表 8-7 MouseEvent 类的常用成员方法

成员方法	功能说明
int getClickCount( )	返回鼠标在同一个位置连续单击的次数
Point getLocationOnScreen( )	返回鼠标事件发生时鼠标指针在屏幕坐标系中的位置
Point getPoint( )	返回鼠标事件发生时鼠标指针在源组件坐标系中的位置
int getX( )	返回鼠标事件发生时鼠标指针在源组件坐标系中的水平位置
int getXOnScreen( )	返回鼠标事件发生时鼠标指针在屏幕坐标系中的水平位置
int getY( )	返回鼠标事件发生时鼠标指针在源组件坐标系中的垂直位置
int getYOnScreen( )	返回鼠标事件发生时鼠标指针在屏幕坐标系中的垂直位置
String paramString( )	返回包含当前鼠标事件详细信息的字符串，对于调试和日志记录非常有用
void translatePoint(int x,int y)	更新鼠标事件发生时鼠标指针的坐标位置，使其水平位置平移 x，垂直位置平移 y
static String getMouseModifiersText(int modifiers)	将修饰键的状态 modifiers 转换成人类可读的字符串，修饰键通常包括 Shift、Ctrl、Alt 等，参数 modifiers 可从 InputEvent 父类的 getModifiers( )方法获取

表 8-8 MouseWheelEvent 类的常用成员方法

成员方法	功能说明
double getPreciseWheelRotation( )	返回鼠标滚轮滚动的精确角度变化，正值表示向上滚动，负值表示向下滚动
int getScrollAmount( )	返回鼠标滚轮滚动时在垂直方向的滚动量，通常以“行”为单位，正值表示向上滚动，负值表示向下滚动
int getScrollType( )	返回鼠标滚轮滚动的具体类型：①普通滚动，即每次滚动一定的行数或像素，用常量 WHEEL_UNIT_SCROLL 表示；②无限制滚动，即滚动到组件的顶部或底部，用常量 WHEEL_BLOCK_SCROLL 表示
int getUnitsToScroll( )	返回鼠标滚轮滚动的行数或像素
int getWheelRotation( )	返回鼠标滚轮滚动时的步数，正值表示向上滚动，负值表示向下滚动
String paramString( )	返回包含当前鼠标事件详细信息的字符串，对于调试和日志记录非常有用

MouseEvent 事件及其响应示例程序：

```
package cn.edu.bjut.chapter8;

import java.awt.BorderLayout;
import java.awt.EventQueue;
import java.awt.Font;
import java.awt.event.MouseAdapter;
import java.awt.event.MouseEvent;
import java.awt.event.MouseMotionAdapter;

import javax.swing.JFrame;
import javax.swing.JLabel;
import javax.swing.JPanel;
import javax.swing.JTextField;

public class MouseAdapterTester {
    private JFrame frame;
    private JTextField textXCoord;
    private JTextField textYCoord;
    private JLabel lblMouse;

    /**
     * Launch the application.
     */
    public static void main(String[] args) {
        EventQueue.invokeLater(new Runnable() {
            public void run() {
                try {
                    MouseAdapterTester window = new MouseAdapterTester();
                    window.frame.setVisible(true);
                    window.frame.pack();
                    window.frame.setLocationRelativeTo(null);
                } catch (Exception e) {
                    e.printStackTrace();
                }
            }
        });
    }

    /**
     * Create the application.
```

```
    */
    public MouseAdapterTester() {
        initialize();
    }

    /**
     * Initialize the contents of the frame.
     */
    private void initialize() {
        frame= new JFrame();
        frame.setTitle("鼠标事件测试");
        frame.setResizable(false );
        frame.setBounds(100, 100, 450, 300);
        frame.setDefaultCloseOperation(JFrame.EXIT_ON_CLOSE);

        JPanel panelCoords = new JPanel();
        frame.getContentPane().add(panelCoords, BorderLayout.CENTER);

        JLabel lblNewLabel = new JLabel("X:");
        panelCoords.add(lblNewLabel);

        textXCoord = new JTextField();
        textXCoord.setEditable(false );
        panelCoords.add(textXCoord);
        textXCoord.setColumns(10);

        JLabel lblNewLabel_1 = new JLabel("Y:");
        panelCoords.add(lblNewLabel_1);

        textYCoord = new JTextField();
        textYCoord.setEditable(false );
        panelCoords.add(textYCoord);
        textYCoord.setColumns(10);

        JPanel panelMouse = new JPanel();
        frame.getContentPane().add(panelMouse, BorderLayout.SOUTH);

        lblMouse = new JLabel("显示鼠标状态");
        lblMouse.setFont(new Font("宋体", Font.PLAIN, 18));
        panelMouse.add(lblMouse);
```

```
        frame.addMouseListener(new A());
        frame.addMouseMotionListener(new B());
    }

    class A extends MouseAdapter {
        @Override
        public void mouseClicked(MouseEvent arg0) {
            lblMouse.setText("点击鼠标");
        }

        @Override
        public void mouseEntered(MouseEvent arg0) {
            lblMouse.setText("鼠标进入窗口");
        }

        @Override
        public void mouseExited(MouseEvent arg0) {
            lblMouse.setText("鼠标不在窗口");
        }

        @Override
        public void mousePressed(MouseEvent arg0) {
            lblMouse.setText("鼠标按键按下");
        }

        @Override
        public void mouseReleased(MouseEvent arg0) {
            lblMouse.setText("鼠标按键松开");
        }
    }

    class B extends MouseMotionAdapter {
        @Override
        public void mouseMoved(MouseEvent e) {
            textXCoord.setText(String.valueOf(e.getX()));
            textYCoord.setText(String.valueOf(e.getY()));
        }
    }
}
```

MouseEvent 事件及其响应示例程序运行界面如图 8-2 所示。

图 8-2　MouseEvent 事件及其响应示例程序运行界面

8.5　JScrollBar 组件

JScrollBar 组件是一个滚动条，允许用户从一个范围内的值中进行选择，用户可以通过鼠标操作改变滚动条的值。滚动条可以是水平方向的，也可以是垂直方向的，如图 8-3 所示，滚动条的相关元素包含减少/增加箭头、滚动块、滚动槽、最小值和最大值等。JScrollBar 类的构造方法见表 8-9。

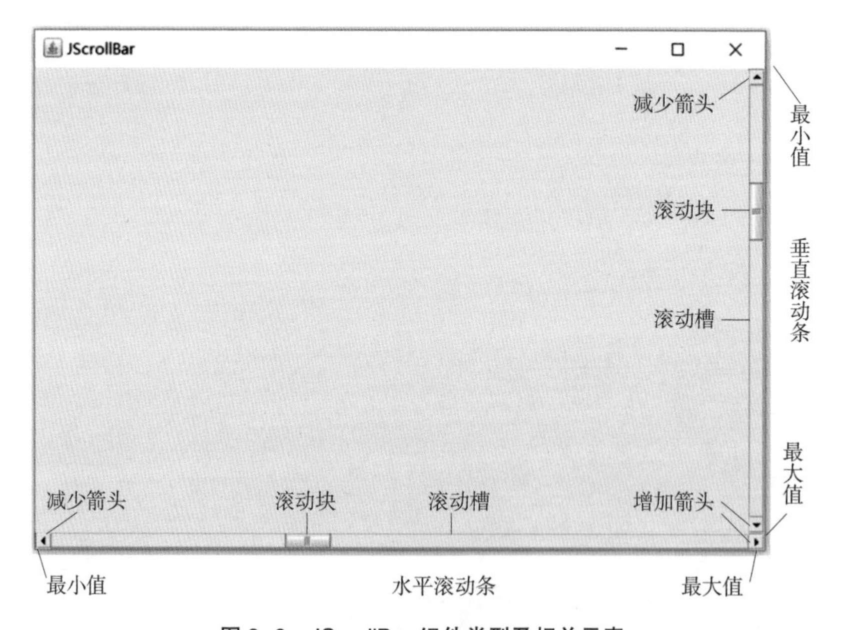

图 8-3　JScrollBar 组件类型及相关元素

表 8-9　JScrollBar 类的构造方法

构造方法	功能说明
JScrollBar( )	创建一个垂直滚动条对象，默认参数值分别为：value = 0，extent = 10，min = 0，max = 100

续表

构造方法	功能说明
JScrollBar(int orientation)	按方向 orientation 创建一个滚动条对象，默认参数值分别为：value = 0，extent = 10，min = 0，max = 100
JScrollBar(int orientation, int value, int extent, int min, int max)	按方向 orientation 创建一个滚动条对象，并设置 value、extent、min 和 max 四个参数值

注：方向参数 orientation 可取两个常量，即 JScrollbar. HORIZONTAL(水平方向) 和 JScrollbar. VERTICAL(垂直方向)。

JScrollBar 构造方法中四个参数的具体意义如下：①value 表示滚动块的起始位置，若设为 0，则表示在滚动轴的最顶端。②extent 表示滚动块的大小，限制滚动块可滚动的范围。例如，若 min 值设为 0，max 值设为 100，extent 值设为 20，则滚动块可滚动的区域大小为 100-20-0 = 80 个刻度，滚动范围为 0~80。若 min 值设为 20，max 值设为 100，extent 值设为 30，则滚动块可滚动的区域大小为 100-30-20 = 50 个刻度，滚动范围为 20~70。由此可知，extent 值设得越大，可滚动的范围就越小。③min 表示最小刻度值。④max 表示最大刻度值。JScrollBar 类的常用成员方法见表 8-10。

表 8-10　JScrollBar 类的常用成员方法

成员方法	功能说明
int getOrientation( )	返回当前滚动条对象的方向
void setOrientation(int orientation)	将当前滚动条对象的方向设置为 orientation
int getValue( )	返回滚动条对象的 value 值
void setValue(int value)	设置滚动条对象的 value 值
int getMinimum( )	返回当前滚动条对象的 min 值
void setMinimum(int minimum)	设置当前滚动条对象的 min 值
int getMaximum( )	返回当前滚动条对象的 max 值
void setMaximum(int maximum)	设置当前滚动条对象的 max 值
int getVisibleAmount( )	返回当前滚动条对象的 extent 值
void setVisibleAmount(int extent)	设置当前滚动条对象的 extent 值
int getUnitIncrement( )	返回当前滚动条对象的单位增量

续表

成员方法	功能说明
void setUnitIncrement(int unitIncrement)	设置当前滚动条对象的单位增量
int getBlockIncrement()	返回当前滚动条对象的块增量
void setBlockIncrement(int blockIncrement)	设置当前滚动条对象的块增量
void setValues(int newValue,int newExtent,int newMin,int newMax)	设置当前滚动条对象的 value、extent、min 和 max 值
void addAdjustmentListener(AdjustmentListener listener)	为当前滚动条对象添加监听者对象 listener
void removeAdjustmentListener(AdjustmentListener listener)	删除当前滚动条对象的监听者对象 listener

JScrollBar 最常用到的就是 AdjustmentEvent 事件，当用户拖拽滚动轴时，就会触发此事件。因此，若要处理这类事件，就必须实现 AdjustmentListener 接口。此接口定义了一个 void adjustmentValueChanged(AdjustmentEvent e)方法，实现此方法就能够通过参数 e 获得滚动条的相关信息，其常用成员方法见表 8-11。

表 8-11　AdjustmentEvent 类的常用成员方法

成员方法	功能说明
int getAdjustmentType()	返回调整事件的具体类型，这个类型反映了用户与滚动条或其他可调节组件交互的方式，类型静态常量见表 8-12
int getValue()	返回调整事件发生时滚动条或其他可调节组件的 value 值
void setValue(int value)	调整事件发生时设置滚动条或其他可调节组件的 value 值
String paraString()	返回包含当前调整事件详细信息的字符串，对于调试和日志记录非常有用

表 8-12　AdjustmentEvent 类中表征调整事件类型的静态常量

静态常量	具体含义
UNIT_INCREMENT	表示滚动条的滚动块或可调节组件向前（或向上）移动了一小步

续表

静态常量	具体含义
UNIT_DECREMENT	表示滚动条的滚动块或可调节组件向后（或向下）移动了一小步
BLOCK_INCREMENT	表示滚动条的滚动块或可调节组件向前（或向上）移动了一个较大的步长，通常等于滚动块的大小
BLOCK_DECREMENT	表示滚动条的滚动块或可调节组件向后（或向下）移动了一个较大的步长，通常等于滚动块的大小
TRACK	表示用户在滚动条的轨道上单击，使滚动块有一个较大的跳跃，跳到单击位置附近

JScrollBar 组件示例程序：

```
package cn.edu.bjut.chapter8;

import java.awt.BorderLayout;
import java.awt.EventQueue;
import java.awt.Font;
import java.awt.event.AdjustmentEvent;
import java.awt.event.AdjustmentListener;

import javax.swing.BoxLayout;
import javax.swing.JFrame;
import javax.swing.JLabel;
import javax.swing.JPanel;
import javax.swing.JScrollBar;

public class JScrollBarTester implements AdjustmentListener {
  private JFrame frame;
  private JLabel lblScaleValue;
  private String[] colorNames = { "红色", "绿色", "蓝色" };
  private JScrollBar[] scrollBarColors;
  private String scaleValue;
  private int[] colorValues = new int[colorNames.length];

  /**
   * Launch the application.
   */
```

```
public static void main(String[] args) {
  EventQueue.invokeLater(new Runnable() {
    public void run() {
      try {
        JScrollBarTester window = new JScrollBarTester();
        window.frame.setVisible(true);
        window.frame.pack();
        window.frame.setLocationRelativeTo(null);
      } catch (Exception e) {
        e.printStackTrace();
      }
    }
  });
}

/**
 * Create the application.
 */
public JScrollBarTester() {
  initialize();
}

/**
 * Initialize the contents of the frame.
 */
private void initialize() {
  frame = new JFrame();
  frame.setTitle("JScrollBar 组件测试");
  frame.setBounds(100, 100, 450, 300);
  frame.setDefaultCloseOperation(JFrame.EXIT_ON_CLOSE);

  JPanel panelNorth = new JPanel();
  frame.getContentPane().add(panelNorth, BorderLayout.NORTH);
  panelNorth.setLayout(new BoxLayout(panelNorth, BoxLayout.X_AXIS));

  JLabel lblScale = new JLabel("刻度：  ");
  lblScale.setFont(new Font("宋体", Font.PLAIN, 18));
  panelNorth.add(lblScale);
```

```
        lblScaleValue = new JLabel("刻度值");
        lblScaleValue.setFont(new Font("宋体", Font.PLAIN, 18));
        panelNorth.add(lblScaleValue);

        JPanel panelCenter = new JPanel();
        frame.getContentPane().add(panelCenter, BorderLayout.CENTER);
        panelCenter.setLayout(new BoxLayout(panelCenter, BoxLayout.Y_AXIS));

        JLabel[] lblColors = new JLabel[colorNames.length];
        scrollBarColors = new JScrollBar[colorNames.length];
        for (int i = 0; i < colorNames.length; i++) {
            lblColors[i] = new JLabel(colorNames[i]);
            panelCenter.add(lblColors[i]);
            scrollBarColors[i] = new JScrollBar(JScrollBar.HORIZONTAL, 10, 10, 0, 255);
            scrollBarColors[i].addAdjustmentListener(this);
            panelCenter.add(scrollBarColors[i]);

            colorValues[i] = scrollBarColors[i].getValue();
        }
    }

    @Override
    public void adjustmentValueChanged(AdjustmentEvent e) {
        scaleValue = "";
        for (int i = 0; i < colorNames.length; i++) {
            if (e.getSource() == scrollBarColors[i]) {
                colorValues[i] = e.getValue();
            }

            scaleValue += colorNames[i] + ": " + colorValues[i] + " ";
        }

        lblScaleValue.setText(scaleValue);
    }
}
```

JScrollBar 组件示例程序运行界面如图 8-4 所示。

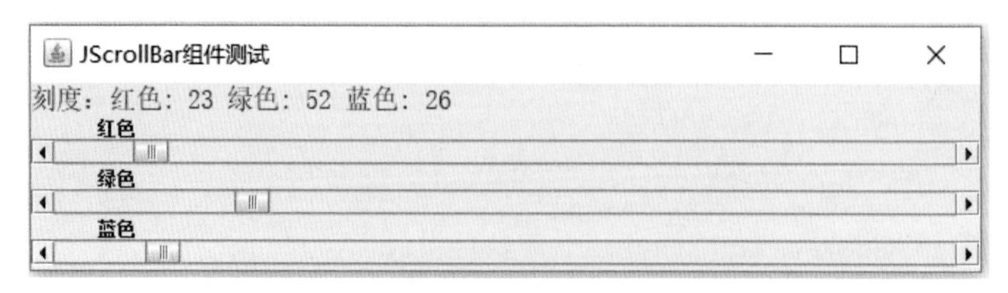

图 8-4 JScrollBar 组件示例程序运行界面

8.6 JTabbedPane 容器

在 GUI 编程中，会涉及选项卡组件（JTabbedPane），例如登录界面，可以让用户选择账号密码登录、手机登录或邮箱登录。通过选项卡组件创建好选项卡后可以添加很多个选项，每个选项都可以有自己的面板（JPanel）。与日常使用的卡片盒类似，由多个被称为标签框架的卡片和表明该框架的标签组成。JTabbedPane 类的构造方法见表 8-13。

表 8-13 JTabbedPane 类的构造方法

构造方法	功能说明
JTabbedPane( )	创建一个选项卡组件对象，选项卡的位置默认设置为 JTabbedPane. TOP
JTabbedPane(int tabPlacement)	创建一个选项卡组件对象，选项卡的位置设置为 tabPlacement，选项卡位置的静态常量见表 8-14
JTabbedPane(int tabPlacement, int tabLayoutPolicy)	创建一个选项卡组件对象，选项卡的位置设置为 tabPlacement，布局策略设置为 tabLayoutPolicy，选项卡位置和布局策略的静态常量见表 8-14

表 8-14 JTabbedPane 类中表征选项卡位置和布局策略的静态常量

常量类型	静态常量	具体含义
选项卡位置	TOP	选项卡位于组件的顶部
	BOTTOM	选项卡位于组件的底部
	LEFT	选项卡位于组件的左侧
	RIGHT	选项卡位于组件的右侧

续表

常量类型	静态常量	具体含义
布局策略	SCROLL_TAB_LAYOUT	允许选项卡滚动
	WRAP_TAB_LAYOUT	允许选项卡换行

JTabbedPane 容器示例程序：

```
package cn.edu.bjut.chapter8;

import java.awt.EventQueue;

import javax.swing.JFrame;
import javax.swing.JTabbedPane;
import java.awt.BorderLayout;
import javax.swing.JLabel;
import javax.swing.JPanel;
import java.awt.Font;
import javax.swing.Icon;

public class JTabbedPaneTester {
  private JFrame frame;

  /**
   * Launch the application.
   */
  public static void main(String[] args) {
    EventQueue.invokeLater(new Runnable() {
      public void run() {
        try {
          JTabbedPaneTester window = new JTabbedPaneTester();
          window.frame.setVisible(true);
          window.frame.pack();
          window.frame.setLocationRelativeTo(null);
        } catch (Exception e) {
          e.printStackTrace();
        }
      }
    });
  }
```

```
    /**
     * Create the application.
     */
    public JTabbedPaneTester() {
        initialize();
    }

    /**
     * Initialize the contents of the frame.
     */
    private void initialize() {
        frame = new JFrame();
        frame.setTitle("学生信息管理系统");
        frame.setBounds(100, 100, 450, 300);
        frame.setDefaultCloseOperation(JFrame.EXIT_ON_CLOSE);

        JTabbedPane tabbedPane = new JTabbedPane(JTabbedPane.TOP);
        tabbedPane.setTabLayoutPolicy(JTabbedPane.SCROLL_TAB_LAYOUT);
        frame.getContentPane().add(tabbedPane, BorderLayout.CENTER);

        JPanel panelSelect = new JPanel();
        tabbedPane.addTab("Select", null , panelSelect, "查询操作");

        JLabel labelSelect = new JLabel("查询操作");
        panelSelect.add(labelSelect);

        JPanel panelUpdate = new JPanel();
        tabbedPane.addTab("Update", null , panelUpdate, null );

        JLabel labelUpdate = new JLabel("更新操作");
        labelUpdate.setToolTipText("");
        panelUpdate.add(labelUpdate);

        JPanel panelInsert = new JPanel();
        tabbedPane.addTab("Insert", null , panelInsert, null );

        JLabel labelInsert = new JLabel("插入操作");
        labelInsert.setToolTipText("");
        panelInsert.add(labelInsert);
```

```
        JPanel panelDelete = new JPanel();
        tabbedPane.addTab("Delete", null , panelDelete, null );

        JLabel labelDelete = new JLabel("删除操作");
        labelDelete.setToolTipText("");
        panelDelete.add(labelDelete);
    }
}
```

JTabbedPane 容器示例程序运行界面如图 8-5 所示。

图 8-5　JTabbedPane 容器示例程序运行界面

8.7　菜单设计

菜单通常放置于顶层容器（如 JFrame、JDialog、JApplet）的顶部，并且每个顶层容器只能有一个菜单栏或菜单条（JMenuBar），通过调用 setJMenuBar()方法可以将 JMenuBar 对象添加到顶层容器中。然后，一个或多个菜单（JMenu）对象被添加到 JMenuBar 中，紧接着在每个菜单中添加 JMenuItem。最后，每个 JMenuItem 都可以添加一个 ActionListener，用来监听用户选择该菜单项时触发的事件。因此，在 Java 语言中，菜单通常由菜单栏（菜单条）、菜单和菜单项三类对象组成，如图 8-6 所示。菜单设计的一般流程如下：

（1）创建一个 JMenuBar 对象。

（2）创建一个或多个 JMenu 对象，并将它们添加到 JMenuBar 中。

（3）在每个 JMenu 中添加一个或多个 JMenuItem 对象。

（4）为每个 JMenuItem 添加一个 ActionListener 来处理用户的选择。

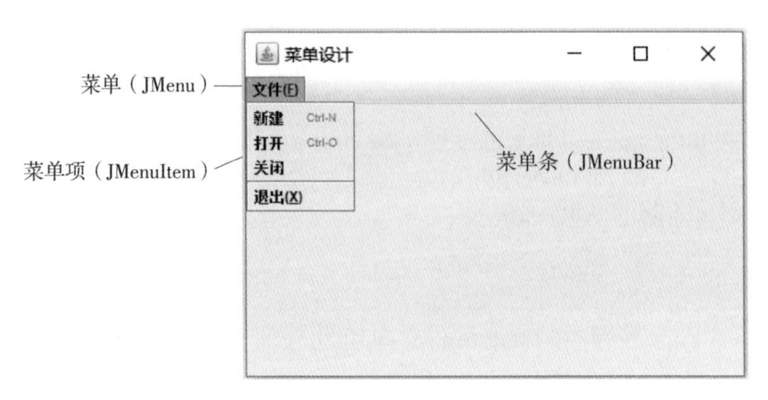

图 8-6　Java 语言中构造菜单的三类对象

菜单栏用来封装与菜单相关的各项操作，它只用来管理菜单，不参与交互式操作。JMenuBar 类只有一个空构造方法：JMenuBar( )，其常用成员方法见表 8-15。菜单是用来存放和整合菜单项的组件，它是构成一个菜单栏不可或缺的组件之一。菜单可以是单一的结构层次，也可以是多层次的结构，根据对界面设计的需要进行选择，其构造方法和常用成员方法分别见表 8-16 和表 8-17。JMenuItem 是用来封装与菜单项相关的操作，是菜单系统中最基本的组件，其构造方法和常用成员方法分别见表 8-18 和表 8-19。

表 8-15　JMenuBar 类的常用成员方法

成员方法	功能说明
JMenu add(JMenu menu)	将一个 JMenu 对象 menu 添加到当前菜单栏对象中，并返回添加的 JMenu 对象，先添加的 JMenu 对象会显示在左边，后添加的 JMenu 对象会显示在右边
JMenu getMenu(int index)	返回当前菜单栏对象中下标为 index 的 JMenu 对象
int getMenuCount( )	返回当前菜单栏对象中 JMenu 对象的数量

表 8-16　JMenu 类的构造方法

构造方法	功能说明
JMenu( )	创建一个标题为空的 JMenu 对象
JMenu(Action a)	创建一个关联 Action 对象 a 的 JMenu 对象，通过 Action 对象来配置菜单的行为和外观

续表

构造方法	功能说明
JMenu(String title)	创建一个标题为 title 的 JMenu 对象，标题是用户在菜单上看到的文本

表 8-17　JMenu 类的常用成员方法

成员方法	功能说明
JMenuItem add(Action a)	创建一个关联 Action 对象 a 的 JMenuItem 对象，通过 Action 对象来配置菜单项的行为和外观，将其添加到当前菜单的最后并返回新创建的 JMenuItem 对象
JMenuItem add(JMenuItem item)	将 JMenuItem 对象 item 添加到当前菜单的最后并返回这个 item 对象
JMenuItem add(String title)	创建一个标题为 title 的 JMenuItem 对象，将其添加到当前菜单的最后并返回新创建的 JMenuItem 对象
void addMenuListener(MenuListener listener)	向当前菜单对象注册一个 MenuListener 监听器 listener，当菜单被选中或取消选中时，监听器将接收到相应的事件通知
void addSeparator()	在当前菜单的最后插入一个水平分隔条
JMenuItem getItem(int index)	返回下标为 index 的 JMenuItem 对象
int getItemCount()	返回 JMenuItem 对象的数量
MenuListener[] getMenuListeners()	将注册到当前菜单对象上的所有 MenuListener 监听器以数组形式返回
JPopupMenu getPopupMenu()	返回与该当前菜单对象关联的 JPopupMenu 对象，即弹出菜单
JMenuItem insert(Action a, int index)	创建一个关联 Action 对象 a 的 JMenuItem 对象，通过 Action 对象来配置菜单项的行为和外观，将其添加到当前菜单的 index 下标处并返回新创建的 JMenuItem 对象
JMenuItem insert(JMenuItem item, int index)	将 JMenuItem 对象 item 添加到当前菜单的 index 下标处并返回这个 item 对象
void insert(String title, int index)	创建一个标题为 title 的 JMenuItem 对象，将其添加到当前菜单的 index 下标处并返回新创建的 JMenuItem 对象
void insertSeparator(int index)	在当前菜单的 index 下标处插入一个水平分隔条
void remove(int index)	从当前菜单对象中移除下标为 index 的菜单项
void remove(JMenuItem item)	从当前菜单对象中移除菜单项 item

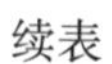

成员方法	功能说明
void removeAll( )	从当前菜单对象中移除所有菜单项
void removeMenuListener (MenuListener listener)	从当前菜单对象中移除已注册的 MenuListener 监听器 listener
void setPopupMenuVisible (boolean flag)	控制关联到该当前菜单对象的弹出菜单的可见性。如果 flag 为 true，则显示弹出菜单；如果 flag 为 false，则隐藏弹出菜单

表 8-18　JMenuItem 类的构造方法

构造方法	功能说明
JMenuItem( )	创建一个标题为空的 JMenuItem 对象
JMenuItem(Action a)	创建一个关联 Action 对象 a 的 JMenuItem 对象，通过 Action 对象来配置菜单项的行为和外观
JMenuItem(Icon icon)	创建一个图标为 icon 的 JMenuItem 对象
JMenuItem(String title)	创建一个标题为 title 的 JMenuItem 对象，标题是用户在菜单项上看到的文本
JMenuItem(String title, Icon icon)	创建一个标题为 title、图标为 icon 的 JMenuItem 对象
JMenuItem(String title, int mnemonic)	创建一个标题为 title、助记码为 mnemonic 的 JMenuItem 对象，助记码对应于一个键盘字符。当用户按下与助记码对应的字母键时（通常需要同时按下 Alt 键），可访问对应的菜单项

表 8-19　JMenuItem 类的常用成员方法

成员方法	功能说明
KeyStroke getAccelerator( )	返回当前菜单项设置快捷键，KeyStroke 类的常用静态方法见表 8-20
void setAccelerator(KeyStroke stroke)	将当前菜单项的快捷键设置为 stroke
void addMenuKeyListener(MenuKeyListener listener)	向当前菜单对象注册一个 MenuKeyListener 监听器 listener，当在菜单项上有按键被按下、释放或者敲击时，监听器将接收到相应的事件通知
MenuKeyListener[ ] getMenuKeyListeners( )	将注册到当前菜单对象上的所有 MenuKeyListener 监听器以数组形式返回

续表

成员方法	功能说明
void removeMenuKeyListener (MenuKeyListener listener)	从当前菜单项对象中移除已注册的 MenuKeyListener 监听器 listener

表 8-20　KeyStroke 类的常用静态方法

静态方法	功能说明
static KeyStroke getKeyStroke (char keyChar)	创建一个表示单个字符键 keyChar 的 KeyStroke 对象
static KeyStroke getKeyStroke(Character keyChar, int modifiers)	创建一个表示单个字符键 keyChar 和修饰键 modifiers 组合的 KeyStroke 对象
static KeyStroke getKeyStroke (int keyCode, int modifiers)	创建一个表示虚拟键码 keyCode 和修饰键 modifiers 组合的 KeyStroke 对象，主要虚拟键码的取值见表 8-4
static KeyStroke getKeyStroke (String str)	通过字符串 str 描述来创建 KeyStroke 对象。这个字符串描述了键盘事件的一个特定组合，包括字符键和修饰键

注：参数 modifiers 表示与字符键一起按下的修饰键组合，通常取值为 InputEvent 类的静态常量，如 SHIFT_DOWN_MASK、CTRL_DOWN_MASK、ALT_DOWN_MASK、META_DOWN_MASK 等，分别代表 Shift、Ctrl、Alt 和 Meta（在 Windows 系统中通常对应 Windows 键）修饰键。

菜单设计示例程序：

```
package cn.edu.bjut.chapter8;

import java.awt.BorderLayout;
import java.awt.EventQueue;
import java.awt.event.ActionEvent;
import java.awt.event.ActionListener;
import java.awt.event.KeyEvent;

import javax.swing.JFrame;
import javax.swing.JLabel;
import javax.swing.JMenu;
import javax.swing.JMenuBar;
import javax.swing.JMenuItem;
import javax.swing.KeyStroke;
import javax.swing.SwingConstants;
```

```
public class MenuTester implements ActionListener {
   private JFrame frame;
   JMenuItem mntmNew, mntmOpen, mntmClose, mntmQuite;
   private JLabel lblMenuItem;

   /**
    * Launch the application.
    */
   public static void main(String[] args) {
      EventQueue.invokeLater(new Runnable() {
         public void run() {
            try {
               MenuTester window = new MenuTester();
               window.frame.setVisible(true);
            } catch (Exception e) {
               e.printStackTrace();
            }
         }
      });
   }

   /**
    * Create the application.
    */
   public MenuTester() {
      initialize();
   }

   /**
    * Initialize the contents of the frame.
    */
   private void initialize() {
      frame = new JFrame();
      frame.setBounds(100, 100, 450, 300);
      frame.setDefaultCloseOperation(JFrame.EXIT_ON_CLOSE);

      JMenuBar menuBar = new JMenuBar();
      frame.setJMenuBar(menuBar);
```

```
        JMenu mnFile = new JMenu("文件(F)");
        mnFile.setMnemonic('F');
        menuBar.add(mnFile);

        mntmNew = new JMenuItem("新建");
        mntmNew.setAccelerator(KeyStroke.getKeyStroke(KeyEvent.VK_N,
            ActionEvent.CTRL_MASK));
        mntmNew.addActionListener(this);
        mnFile.add(mntmNew);

        mntmOpen = new JMenuItem("打开");
        mntmOpen.setAccelerator(KeyStroke.getKeyStroke(KeyEvent.VK_O,
            ActionEvent.CTRL_MASK));
        mntmOpen.addActionListener(this);
        mnFile.add(mntmOpen);

        mntmClose = new JMenuItem("关闭");
        mntmClose.addActionListener(this);
        mnFile.add(mntmClose);

        mnFile.addSeparator();

        mntmQuite = new JMenuItem("退出(X)");
        mntmQuite.setMnemonic('X');
        mntmQuite.addActionListener(this);
        mnFile.add(mntmQuite);

        lblMenuItem = new JLabel("");
        lblMenuItem.setHorizontalAlignment(SwingConstants.CENTER);
        frame.getContentPane().add(lblMenuItem, BorderLayout.CENTER);
    }

    @Override
    public void actionPerformed(ActionEvent e) {
        if (e.getSource() == mntmNew) {
            lblMenuItem.setText("新建");
        } else if (e.getSource() == mntmOpen) {
            lblMenuItem.setText("打开");
        } else if (e.getSource() == mntmClose) {
            lblMenuItem.setText("关闭");
```

```
        } else if (e.getSource() == mntmQuite) {
            System.exit(0);
        }
    }
}
```

菜单设计示例程序运行界面如图 8-7 所示。

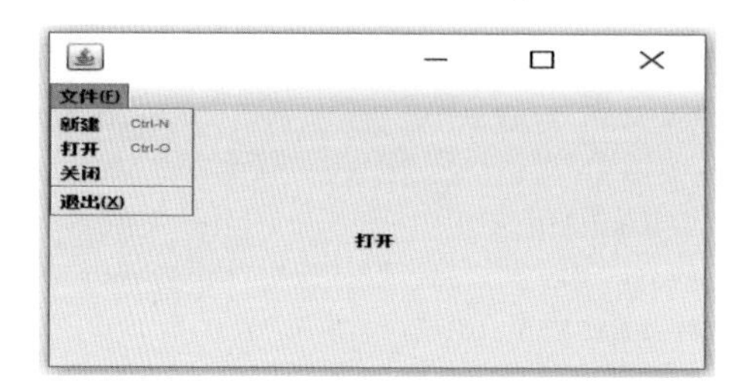

图 8-7　菜单设计示例程序运行界面

8.8　对话框设计

对话框是为了人机对话过程提供交互模式的工具。应用程序可以通过对话框为用户提供信息，或从用户处获得信息。对话框是一个临时窗口，可以在其中放置用于得到用户输入的组件。在 Swing 中，有两个对话框类，它们是 JDialog 类和 JOptionPane 类。JDialog 类提供构造并管理通用对话框；JOptionPane 类为一些常见的对话框提供许多便于使用的选项，如简单的“yes-no”对话框等。

对话框分为强制型和非强制型两种。强制型对话框不能中断对话过程，直至对话框结束，才让程序响应对话框以外的事件。非强制型对话框可以中断对话过程，去响应对话框以外的事件。强制型对话框也称为有模态对话框，非强制型对话框也称为非模态对话框。

8.8.1　JDialog 类

JDialog 类是对话框的基类。对话框不同于一般窗口，对话框依赖其他窗口，当它所依赖的窗口消失或最小化时，对话框也将消失；当它所依赖的窗口还原时，对话框又会自动恢复。

JDialog 对象是一种容器，因此可以给 JDialog 对话框指派布局管理器，对话框的默认布局为 BorderLayout 布局。但组件不能直接加到对话框中，对话框也包含一个内容面板（ContentPane），应当把组件加到 JDialog 对象的内容面板中。由于对话框依赖窗口，因此要建立对话框必须先创建一个窗口。JDialog 类的常用构造方法见表 8-21，其直接父类为 Dialog，Dialog 的直接父类为 Window，因此 JDialog 类继承了表 7-3 所示的方法。

表 8-21　JDialog 类的常用构造方法

构造方法	功能说明
JDialog( )	创建一个没有任何属性的非模态对话框
JDialog(Frame owner)	创建一个依赖于 owner 的非模态对话框
JDialog(Frame owner, boolean modal)	创建一个依赖于 owner、模态属性为 modal 的对话框。如果 modal 为 true，则创建模式对话框；否则，创建非模式对话框
JDialog(Frame owner,String title)	创建一个依赖于 owner、标题为 title 的非模态对话框
JDialog(Frame owner, String title, boolean modal)	创建一个依赖于 owner、标题为 title、模态属性为 modal 的对话框。如果 modal 为 true，则创建模式对话框；否则，创建非模式对话框

8.8.2　JOptionPane 类

为了简化编程，JOptionPane 类定义了三种简单对话框类型，见表 8-22。

表 8-22　JOptionPane 对话框类型

类型	功能说明
消息型	显示一条简单的信息，有“确定”按钮。细分为五种类型：①错误型；②警告型；③信息型；④疑问型；⑤用户自定义型，如图 8-8 所示
确认型	提出一个问题，待用户确认，有四种类型的按钮：①“确定”按钮；②“确定”和“取消”按钮；③“是（Y）”和“否（N）”按钮；④“是（Y）”、“否（N）”和“取消”按钮，如图 8-9 所示
输入型	通过文本输入或选择的方式捕捉用户的输入，有“确定”和“取消”按钮，又细分为两种类型：文本输入型和列表选择型，如图 8-10 所示

(a) 错误型

(b) 警告型

(c) 信息型

(d) 疑问型

(e) 用户自定义型

图 8-8 消息型对话框的五种细分类型

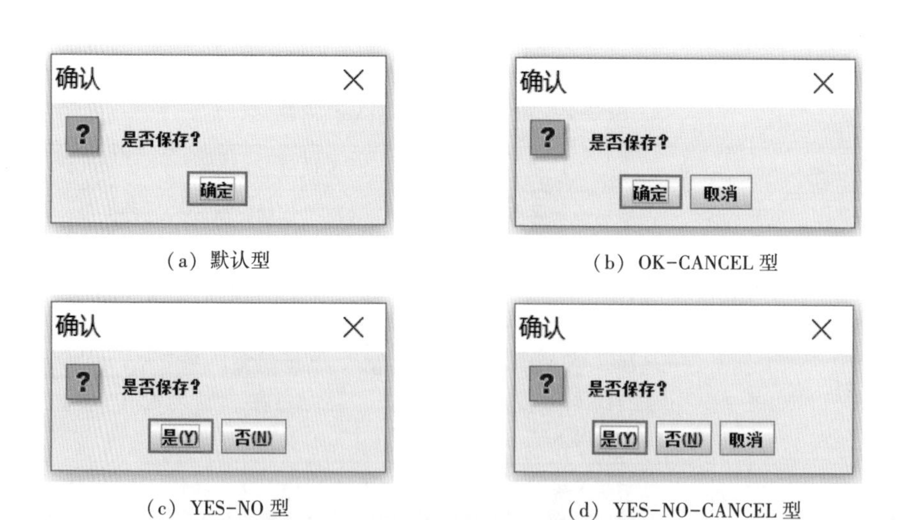

(a) 默认型

(b) OK-CANCEL 型

(c) YES-NO 型

(d) YES-NO-CANCEL 型

图 8-9 确认型对话框的四种细分类型

（a）文本输入型

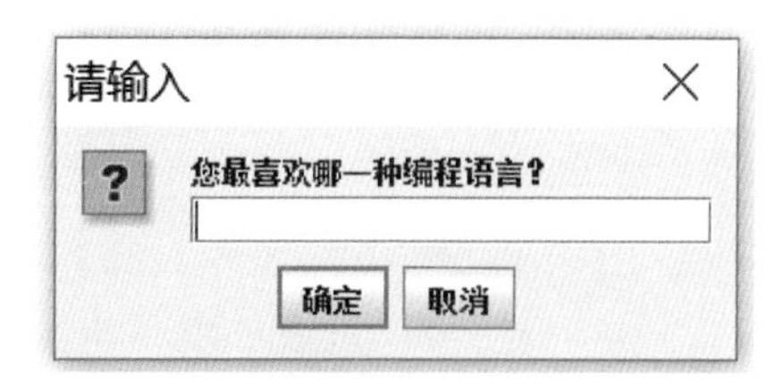

（b）列表选择型

图 8-10　输入型对话框的两种细分类型

1. 消息型对话框

JOptionPane 类的以下静态方法可以创建消息型对话框。

```
static int showMessageDialog(Component parent, Object message, String title, int message-
Type);
static int showMessageDialog(Component parent, Object message, String title, int message-
Type, Icon icon);
```

其中，parent 表示对话框所依赖的组件；message 表示对话框中要显示的消息；title 表示对话框的标题；messageType 表示消息对话框的类型，根据实际业务需要，可以取值为 JOptionPane 类的四种静态常量之一，见表 8-23；icon 表示自定义图标。

表 8-23　JOptionPane 类中表征消息型对话框类型的静态常量

静态常量	描述	静态常量	描述
ERROR_MESSAGE	错误型	QUESTION_MESSAGE	疑问型
WARNING_MESSAGE	警告型	PLAIN_MESSAGE	自定义型
INFORMATION_MESSAGE	信息型		

2. 确认型对话框

JOptionPane 类的以下静态方法可以创建确认型对话框。

```
static int showConfirmDialog(Component parent, Object message, String title, int option-
Type);
```

其中，parent 表示对话框所依赖的组件；message 表示对话框中要显示的消息；title 表示对话框的标题；optionType 表示显示的按钮类型，根据实际业务需要，可以取值为 JOptionPane 类的四种静态常量之一，见表 8-24。该静态方法的返回值为用户对相应对话框做出的响应，具体取值见表 8-25。

表 8-24　JOptionPane 类中表征确认型对话框类型的静态常量

静态常量	描述	静态常量	描述
DEFAULT_OPTION	默认型	YES_NO_CANCEL_OPTION	YES-NO-CANCEL 型
YES_NO_OPTION	YES-NO 型	OK_CANCEL_OPTION	OK-CANCEL 型

表 8-25　JOptionPane 类中表征确认型对话框返回值的静态常量

静态常量	描述	静态常量	描述
YES_OPTION	单击“是（Y）”按钮	CANCEL_OPTION	单击“取消”按钮
NO_OPTION	单击“否（N）”按钮	CLOSED_OPTION	未单击任何按钮，直接关闭对话框窗口
OK_OPTION	单击“确定”按钮		

3. 输入型对话框

JOptionPane 类的以下静态方法可以创建输入型对话框：第一个可以用来创建文本输入型对话框，第二个可以用来创建列表选择型对话框。

```
static String showInputDialog(Component parent, Object message, String title, int message-
Type);
static String showInputDialog(Component parent, Object message, String title, int message-
Type, Icon icon, Object[] selectionValues, Object initialSelectionValue);
```

其中，parent 表示对话框所依赖的组件；message 表示对话框中要显示的消息；title 表示对话框的标题；messageType 一般取值为静态常量 JOptionPane.QUESTION_MESSAGE；icon 表示自定义图标；selectionValues 表示选项列表；initialSelectionValue 表示默认选项；返回值为用户输入或选中的选项。

对话框设计示例程序：

```
package cn.edu.bjut.chapter8;

import java.awt.BorderLayout;
import java.awt.EventQueue;
```

```
import java.awt.GridLayout;
import java.awt.Image;
import java.awt.event.ActionEvent;
import java.awt.event.ActionListener;

import javax.swing.ImageIcon;
import javax.swing.JButton;
import javax.swing.JFrame;
import javax.swing.JLabel;
import javax.swing.JOptionPane;
import javax.swing.JPanel;
import javax.swing.JTabbedPane;
import javax.swing.JTextField;
import javax.swing.SwingConstants;

public class OptionPaneTester {
  private JFrame frame;
  private JTextField textInputResult;
  private JTextField textResult;

  /**
   * Launch the application.
   */
  public static void main(String[] args) {
    EventQueue.invokeLater(new Runnable() {
      public void run() {
        try {
          OptionPaneTester window = new OptionPaneTester();
          window.frame.setVisible(true);
        } catch (Exception e) {
          e.printStackTrace();
        }
      }
    });
  }

  /**
   * Create the application.
   */
```

```
public OptionPaneTester() {
    initialize();
}

/**
 * Initialize the contents of the frame.
 */
private void initialize() {
    frame = new JFrame();
    frame.setTitle("对话框");
    frame.setBounds(100, 100, 450, 300);
    frame.setDefaultCloseOperation(JFrame.EXIT_ON_CLOSE);

    JTabbedPane tabbedPane = new JTabbedPane(JTabbedPane.TOP);
    frame.getContentPane().add(tabbedPane, BorderLayout.CENTER);

    JPanel panelMessage = messageDialog();
    tabbedPane.addTab("Message", null , panelMessage, null );

    JPanel panelConfirm = confirmDialog();
    tabbedPane.addTab("Confirm", null , panelConfirm, null );

    JPanel panelInput = inputDialog();
    tabbedPane.addTab("Input", null , panelInput, null );
}

private JPanel messageDialog() {
    JPanel panelMessage = new JPanel();
    panelMessage.setLayout(new GridLayout(3, 2, 5, 5));

    JButton btnMessageError = new JButton("错误");
    btnMessageError.addActionListener(new ActionListener() {
        public void actionPerformed(ActionEvent e) {
            JOptionPane.showMessageDialog(frame, "Message 对话框", "错误",
                JOptionPane.ERROR _MESSAGE);
        }
    });
    panelMessage.add(btnMessageError);
```

```
    JButton btnMessageWarning = new JButton("警告");
    btnMessageWarning.addActionListener(new ActionListener() {
        public void actionPerformed(ActionEvent e) {
            JOptionPane.showMessageDialog(frame, "Message 对话框", "警告",
                JOptionPane.WARNING_MESSAGE);
        }
    });
    panelMessage.add(btnMessageWarning);

    JButton btnMessageInformation = new JButton("信息");
    btnMessageInformation.addActionListener(new ActionListener() {
        public void actionPerformed(ActionEvent e) {
            JOptionPane.showMessageDialog(frame, "Message 对话框", "信息",
                JOptionPane.INFORMATION_MESSAGE);
        }
    });
    panelMessage.add(btnMessageInformation);

    JButton btnMessageQuestion = new JButton("疑问");
    btnMessageQuestion.addActionListener(new ActionListener() {
        public void actionPerformed(ActionEvent e) {
            JOptionPane.showMessageDialog(frame, "Message 对话框", "疑问",
                JOptionPane.QUESTION_MESSAGE);
        }
    });
    panelMessage.add(btnMessageQuestion);

    JButton btnMessageUser = new JButton("用户自定义");
    btnMessageUser.addActionListener(new ActionListener() {
        public void actionPerformed(ActionEvent e) {
            ImageIcon icon = new ImageIcon("images/apple.png");
            //改变图标大小
            icon.setImage(icon.getImage().getScaledInstance(50, 50,
                Image.SCALE_DEFAULT));
            JOptionPane.showMessageDialog(frame, "Message 对话框", "用户自定义",
                JOptionPane.PLAIN_MESSAGE, icon);
        }
    });
    panelMessage.add(btnMessageUser);
    return panelMessage;
}
```

```
private JPanel confirmDialog() {
    JPanel panelConfirm = new JPanel();
    panelConfirm.setLayout(new GridLayout(3, 2, 5, 5));

    JButton btnDefault = new JButton("Default");
    btnDefault.addActionListener(new ActionListener() {
        public void actionPerformed(ActionEvent e) {
            int result = JOptionPane.showConfirmDialog(frame, "是否保存?", "确认",
                JOptionPane.DEFAULT_OPTION);
            textResult.setText(String.valueOf(result));
        }
    });
    panelConfirm.add(btnDefault);

    JButton btnYesNo = new JButton("YesNo");
    btnYesNo.addActionListener(new ActionListener() {
        public void actionPerformed(ActionEvent e) {
            int result = JOptionPane.showConfirmDialog(frame, "是否保存?", "确认",
                JOptionPane.YES_NO_OPTION);
            textResult.setText(String.valueOf(result));
        }
    });
    panelConfirm.add(btnYesNo);

    JButton btnYesNoCancel = new JButton("YesNoCancel");
    btnYesNoCancel.addActionListener(new ActionListener() {
        public void actionPerformed(ActionEvent e) {
            int result = JOptionPane.showConfirmDialog(frame, "是否保存?", "确认",
                JOptionPane.YES_NO_CANCEL_OPTION);
            textResult.setText(String.valueOf(result));
        }
    });
    panelConfirm.add(btnYesNoCancel);

    JButton btnOkCancel = new JButton("OkCancel");
    btnOkCancel.addActionListener(new ActionListener() {
        public void actionPerformed(ActionEvent e) {
            int result = JOptionPane.showConfirmDialog(frame, "是否保存?", "确认",
                JOptionPane.OK_CANCEL_OPTION);
            textResult.setText(String.valueOf(result));
```

```
        }
    });
    panelConfirm.add(btnOkCancel);

    JLabel lblResult = new JLabel("返回值:   ");
    lblResult.setHorizontalAlignment(SwingConstants.CENTER);
    panelConfirm.add(lblResult);

    textResult = new JTextField();
    textResult.setEditable(false );
    textResult.setColumns(10);
    panelConfirm.add(textResult);

    return panelConfirm;
}

private JPanel inputDialog() {
    JPanel panelInput = new JPanel();
    panelInput.setLayout(new GridLayout(2, 2, 5, 5));

    JButton btnInput = new JButton("输入型");
    btnInput.addActionListener(new ActionListener() {
        public void actionPerformed(ActionEvent e) {
            String input = JOptionPane.showInputDialog(frame, "您最喜欢哪一种编"
                +"程语言?", "请输入", JOptionPane.QUESTION_MESSAGE);
            textInputResult.setText(input);
        }
    });
    panelInput.add(btnInput);

    JButton btnSelect = new JButton("选择型");
    btnSelect.addActionListener(new ActionListener() {
        public void actionPerformed(ActionEvent e) {
            String[] options = {"Java", "C/C++", "VB", "JavaScript", "Python"};
            String input = (String)JOptionPane.showInputDialog(frame, "您最喜欢哪"
                +"一种编程语言?", "请选择",
                JOptionPane.QUESTION_MESSAGE, null , options, options[0]);
            textInputResult.setText(input);
        }
    });
```

```
        panelInput.add(btnSelect);

        JLabel lblInputResult = new JLabel("输入值: ");
        lblInputResult.setHorizontalAlignment(SwingConstants.CENTER);
        panelInput.add(lblInputResult);

        textInputResult = new JTextField();
        textInputResult.setHorizontalAlignment(SwingConstants.CENTER);
        textInputResult.setEditable(false);
        textInputResult.setColumns(10);
        panelInput.add(textInputResult);

        return panelInput;
    }
}
```

对话框设计示例程序运行界面如图 8-11 所示。

（a）“Message” 选项卡

（b）“Confirm” 选项卡

图 8-11　对话框设计示例程序运行界面

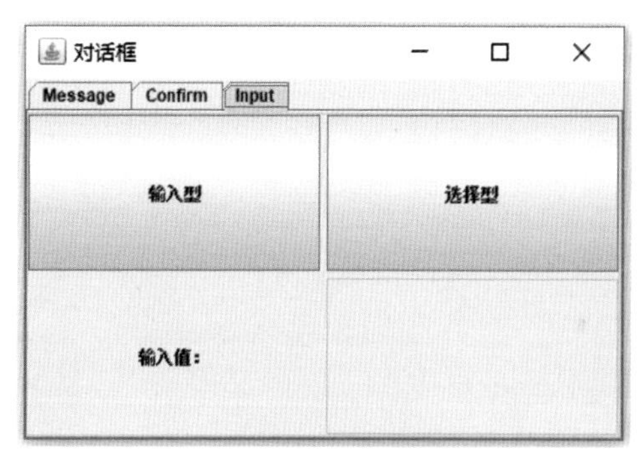

（c）“Input” 选项卡

图 8-11　对话框设计示例程序运行界面（续）

本章习题

1. 修改进度条程序，让某个 JLabel 组件的颜色随着进度条的滑动而改变。

2. 为第 7 章习题添加相应的事件，让其“活”起来，使其成为一个完整的小型课程设计。

第9章 异常处理

※ 掌握异常的分类、产生和传递（重点）。
※ 掌握异常处理的两种方法（难点）。
※ 掌握多重异常捕获（重点）。
※ 掌握隐式的 finally 语句块（难点）。
※ 掌握嵌套 try-catch 结构（重点）。
※ 能够自定义异常（重点）。

9.1 异常

异常（Exception）是指发生在正常情况以外的事件，如用户输入错误、除数为零、需要的文件不存在、文件打不开、数组下标越界、内存不足等。程序在运行过程中发生这样或那样的意外是不可避免的。然而，一个好的应用程序，除了应具备用户要求的功能，还应具备预见程序执行过程中可能产生的各种异常的能力，并把处理异常的功能内置在程序中。也就是说，在设计程序时，要充分考虑各种意外情况，不仅要保证应用程序的正确性，而且应该具有较强的容错能力。对异常情况给予恰当处理的技术通常被称为异常处理（Exception Handling）。

用任何一门程序设计语言编写的程序在运行时都可能出现意想不到的事件或异常，计算机系统对于异常的处理通常有两种方法：①计算机系统本身直接检测程序中的错误，遇到错误时终止程序执行；②由程序员在程序设计中加入处理异常的功能。在没有异常处理机制的程序设计语言（如C语言）中，通常在程序设计中使用if-else或switch-case语句来预设一些意外情况，以捕捉程序执行过程中可能发生的异常。容易看出，这类异常处理方式将对异常的监视、报告和处理的代码与完成正常功能的代码交织在一起，即在完成正常功能代码的许多地方插入了与处理异常有关的代码块。这种处理方式虽然在异常的发生点就可以看到程序是如何处理异常的，但它干扰了人们对程序正常功能的理解，使程序的可读性和可维护性下降。

Java语言在设计之初就考虑了这些问题，并内置了异常处理方案。Java语言抽象出不同异常的共性特征，定义了Throwable类。Throwable类是所有异常的父类，有两个直接子类Error和Exception，如图9-1所示。Error子类代表特别严重的底层错误，不能修复，不可避免，如Java虚拟机崩溃。Exception子类代表异常，是可以处理、可以挽回部分损失的子类。Exception子类又进一步细分为运行性异常（RuntimeException）和非运行性异常。运行性异常也称为未检查异常（Unchecked Exception），是由于程序员未检查，即程序员的疏忽而导致的异常。这类异常可以不处理，即便不处理也可以编译通过，它并非编译错误。对于运行时异常，通常首先考虑的是如何避免它，而非如何处理它。非运行性异常也称为检查异常（Checked Exception），是不可避免的，必须处理。若不处理，则编译通不过。只要不属于RuntimeException类，就都是非运行性异常，如图9-1中的虚线框部分。Java语言通过异常处理机制，减少了编程人员的工作量，增加了程序的灵活性，增强了程序的可读性和可靠性。

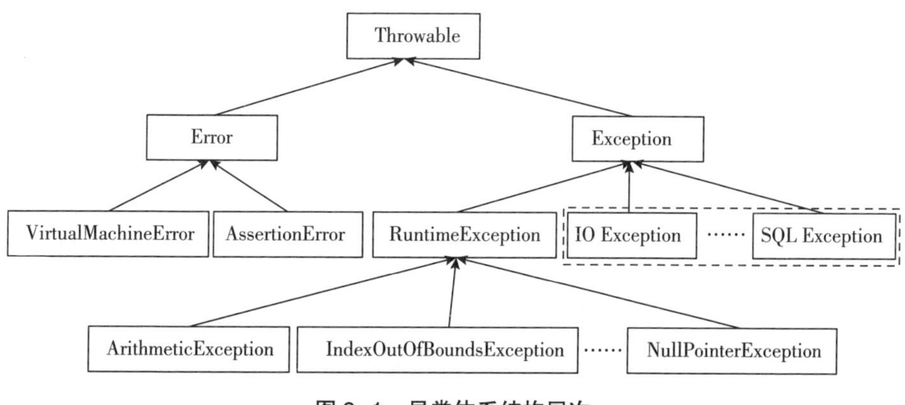

图9-1　异常体系结构层次

9.1.1 异常的产生与传递

示例程序：

```
package cn.edu.bjut.chapter9;

public class FirstExceptionTester {
    static int divide(int a, int b) {
        return a / b;
    }

    public static void main(String[] args) {
        int result = divide(5, 0);
    }
}
```

在执行以上程序时，由于整除运算中除数为0，此时会抛出一个算术异常（ArithmeticException）信息，如图9-2所示。不难发现，抛出的异常信息由两部分组成：①指出异常对象，指明产生异常对象的名称为ArithmeticException（算术异常）；②说明异常情况，异常出现在第几行，两个位置都说明了异常的传递。由于产生该异常的方法divide中没有处理该异常，异常就会向该方法的上一层（即调用该方法的main方法）传递异常。同样，由于main方法也没有处理该异常，Java虚拟机就中止了程序运行。

```
Exception in thread "main" java.lang.ArithmeticException: / by zero
    at cn.edu.bjut.chapter9.FirstExceptionTester.divide(FirstExceptionTester.java:5)
    at cn.edu.bjut.chapter9.FirstExceptionTester.main(FirstExceptionTester.java:9)
```

图9-2 算术异常信息截图

9.1.2 运行时异常处理

常见的运行时异常主要有五种：①算术异常（ArithmeticException）；②下标越界异常（IndexOutOfBoundsException）；③对象空指针异常（NullPointerException）；④对象类型转换异常（ClassCastException）；⑤数字格式异常（NumberFormatException）。

这些异常在Eclipse中编译时不会报出红色错误提示，这样的异常就叫运行时异常（或未检查异常）；有红色提示错误的异常就是已检查异常。运行时异常因编译通过，没有任何红色提示，在程序中很危险，很容易造成程序中止。很多运行时异常是由程序员的疏忽引起的，是可以避免的，所以程序员要尽可能地避免运行时异常，而不是出现异常后再去处理，因为避免异常比处理异常效率要高得多。

示例程序：

```
package cn.edu.bjut.chapter9;

public class FirstExceptionTester2 {
    static int divide(int a, int b) {
        if (b == 0) {
            throw new ArithmeticException("整除运算中除数为 0");
        }

        return a / b;
    }

    public static void main(String[] args) {
        int result = divide(5, 0);
    }
}
```

图 9-2 所示的算术异常程序可以采用以上代码处理。在 divide( )方法中通过 new 异常类名( )；生成异常对象，然后使用关键字 throw 抛出异常。需要注意的是，当使用 throw 抛出一个异常时，程序就会返回一个异常对象。异常的传递是沿着方法调用链反向传递的，如 divide( )→main( )→JVM。Java 语言中的异常必须是 Throwable 类或其子类类型，不能是简单数据类型或 String 类等。

9.2　异常处理方法

运行时异常通常对应于编译错误，它是指 Java 程序在运行时产生的由解释器引发的各种异常。运行时异常可能出现在任何地方，且出现频率很高，因此为了避免巨大的系统资源开销，编译器不对这类异常进行检查，所以 Java 语言中的运行时异常不一定被捕获。出现运行时错误往往表示代码有错误，如算术异常（如除数为 0）、下标越界异常（如数组下标越界）等。

非运行时异常又称为可检测异常，Java 编译器利用成员方法或构造方法中可能产生的结果来检测 Java 程序中是否含有非运行时异常的处理程序。对于每个可能的非运行时异常，成员方法或构造方法的 throws 子句必须列出该异常对应的类。非运行时异常有两种处理方法：throws 处理方法和 try-catch 处理方法。

9.2.1 throws 处理方法

throws 处理方法也称为消极处理方法，它将产生的异常向上层抛出，自己并不做实质性的异常处理。由于这种向上层抛出异常的方式在 Java 语言中被认为是处理了异常，所以编译可通过。特别是对非运行时异常必须进行处理，采用 throws 也算处理了非运行时异常，程序编译是可以通过的。

throws 处理方法示例程序：

```
package cn.edu.bjut.chapter9;

import java.io.BufferedReader;
import java.io.FileInputStream;
import java.io.FileNotFoundException;
import java.io.IOException;
import java.io.InputStreamReader;

public class FileReadTester {
    public static void read(String fname) throws FileNotFoundException, IOException {
        BufferedReader reader = null;

        reader= new BufferedReader(new InputStreamReader(new FileInputStream(fname)));
        for (String line; (line = reader.readLine()) != null; ) {
            System.out.println(line);
        }

        reader.close();
    }

    public static void main(String[] args) throws FileNotFoundException, IOException{
        String fname = "data.txt";
        read(fname);
    }
}
```

以上示例程序中的方法 read(String fname)试图打开文件 fname，通过 throws 抛出了 FileNotFoundException 和 IOException 异常。这两个异常将直接抛给上层调用方法 main()，由于 main()函数也没有处理这两个异常，再次通过 throws 语句将这两个异常抛出。在 Java 语言的 JDK 中，大部分异常都是采用 throws 处理方法向上层抛出，抛给上层用户处理。需要说明的是，对于运行时异常可以不使用 throws 处理方法，系统也会自动向上层抛出，如示例程序中 throws 异常处理并没有处理 NullPointerException。

throws 处理方法通过向上层抛出父类异常，是可以实现多态的。由于 IOException 是 FileNotFoundException 的父类，Exception 是 IOException 的父类，因此以上示例程序可改写为：

```
package cn.edu.bjut.chapter9;

import java.io.BufferedReader;
import java.io.FileInputStream;
import java.io.IOException;
import java.io.InputStreamReader;

public class FileReadTester2 {
  public static void read(String fname) throws IOException {
    BufferedReader reader = null;

    reader = new BufferedReader(new InputStreamReader(new FileInputStream(fname)));
    for (String line; (line = reader.readLine()) != null; ) {
      System.out.println(line);
    }

    reader.close();
  }

  public static void main(String[] args) throws Exception {
    String fname = "data.txt";
    read(fname);
  }
}
```

9.2.2 try-catch 处理方法

try-catch 处理方法使用 try{…} catch(Exception e){…} finally{…}异常处理块进行管理。try 语句块包住要监视的语句，如果在 try 语句块内出现异常，则异常会被抛出，在 catch 语句块中可以捕获到这个异常并做处理，finally 语句块中一定要写执行的代码。在异常处理块中，try 语句块出现 1 次，catch 语句块出现 0～n 次，finally 语句块出现 0～1 次。当 catch 语句块出现 0 次时，finally 语句块必须出现 1 次。也就是说，异常处理块通常有表 9-1 所示的三种形式，这三种形式可以嵌套，而 try-finally 形式中并没有 catch 捕获，因此还可以通过 throws 处理方法将异常向上层抛出，但需要先执行 finally 代码再返回停止。

表 9-1 异常处理块的三种形式

try-catch 形式	try-catch-finally 形式	try-finally 形式

try {
  语句（组）;
} catch（异常类名 变量）{
  语句（组）;
}
	try {
	  语句（组）;
	} catch（异常类名 变量）{
	  语句（组）;
	} finally {
	  语句（组）;
	}
		try {
		  语句（组）;
		} finally {
		  语句（组）;
		}

try-catch 处理方法示例程序：

```
package cn.edu.bjut.chapter9;

import java.io.BufferedReader;
import java.io.FileInputStream;
import java.io.FileNotFoundException;
import java.io.IOException;
import java.io.InputStreamReader;

public class TryCatchTester {
    public static void read(String fname) {
        BufferedReader reader = null;
```

```
        try {
            reader = new BufferedReader(new InputStreamReader(
                new FileInputStream(fname)));
            for (String line; (line = reader.readLine()) != null; ) {
                System.out.println(line);
            }
        } catch (FileNotFoundException e) {
            e.printStackTrace();
        } catch (IOException e) {
            e.printStackTrace();
        } finally {
            if (reader != null) {
                try {
                    reader.close();
                } catch (IOException e) {
                    e.printStackTrace();
                }
            }
        }
    }

    public static void main(String[] args) {
        String fname = "data.txt";
        read(fname);
    }
}
```

1. try-catch-finally 的异常处理机制

首先执行 try 语句块中的程序代码，当出现异常时，会中断执行异常后面的代码，转入 catch 语句块中执行处理异常的代码，异常处理完成后再执行 finally 语句块中的程序代码。异常的处理可以分支进行：无异常发生时，则执行 try-finally 块；有异常发生时，则执行 try-catch-finally 块。

catch 捕获异常是从上到下匹配的，而且 catch 只能捕获一次，捕获后处理完就不再调用其他的 catch 子句，而执行 catch 后的代码。在 catch 捕获异常时，既允许 catch 捕获多个子类异常，也允许捕获父类异常来代替捕获多个子类异常。允许同时捕获父子类异常，但当同时捕获父子类异常时，必须将子类异常放在父类异常的前面，否则会编译出错。

try 语句块中如果需要返回值，则 try-catch 两个语句块都需要返回值。不发生异常时，在执行 try 语句块中的 return 之前，一定会执行 finally 语句块的代码。发生异常时，执行 try 语句块到异常处，执行 catch 语句，在执行 catch return 之前一定会执行 finally 语句块的代码。在 catch 语句块中使用异常对象的 printStackTrace( )方法可以打印抛出异常对象的堆栈信息，它包含了异常的详细信息。将 catch 语句块中的代码全部注释后，发现编译并不出错，但这样不合理，异常捕获了就要处理，否则不如不捕获。

2. try-catch 异常处理的 finally 语句块

finally 语句块的代码必须写在所有 catch 子句的后面；finally 语句块中的代码会在 return 之前执行，而且一定会被执行。若 finally 中有 return 语句，则会屏蔽掉 try 和 catch 语句块中的 return；若 return 后面跟的是一个方法，则会先调用方法，再返回方法的值。当 try 语句块中没有发生异常时，执行完 try 语句块，再执行 finally 语句块；当 try 语句块中有异常发生时，则执行到发生异常处，跳转到 catch 语句块进行处理，catch 语句块执行完成后，才执行 finally 语句块。finally 语句块中的代码一般都写释放物理资源（如数据库连接、网络连接、磁盘文件读写等）的代码，因为无论是否正常执行，都要释放物理资源。Java 的垃圾回收机制可以回收堆内存中对象占用的内存（也就是 new 操作符的内容），但是不能回收物理资源。

3. 异常描述信息

在 Throwable 类中有一个 String message 数据成员，任何一个异常都有 String message 的数据成员，message 是表示该异常的描述性信息。在很多 Exception 子类的构造方法中都有 message 参数，因此这个异常描述信息 message 可以通过构造方法将信息作为参数传给异常构造方法创建异常对象；而这个参数在本类构造中是没有用的，是将这个参数传给父类的构造方法使用，因此采用“super(message)”；来设置父类 Throwable 的 message。一般在使用 throw 创建异常对象时，会传一个字符串参数来描述异常信息，如 throw new ArithmeticException("整除运算中除数为 0")；。

Throwable 类有一个成员方法 getMessage( )，该方法的作用就是获得异常描述信息 message，在 catch 语句块中，通过 System. out. println(e. getMessage( ))；可以打印出异常的 message。异常对象的 printStackTrace( )方法可以打印出异

常的堆栈详细跟踪信息，可以指出异常的产生位置、异常类型、第一次上抛处、第二次上抛处等。

9.3　异常处理机制

对于可能出现异常的代码，有两种处理办法：throws 处理方法和 try-catch 处理方法。如果每种方法都是简单地抛出异常，那么在方法调用方法的多层嵌套调用中，Java 虚拟机会从出现异常的方法代码块中回溯，直到找到处理该异常的代码块为止，然后将异常交给相应的 catch 语句块进行处理。当 Java 虚拟机追溯到方法调用栈最底部的 main( )方法时，如果仍然没有找到处理异常的代码块，则将按照下面的步骤处理：

（1）调用异常的对象的 printStackTrace( )方法，打印方法调用栈的异常信息。

（2）如果出现异常的线程为主线程，则整个程序运行终止；如果为非主线程，则终止该线程，其他线程继续运行。

通过分析可以看出，越早处理异常，消耗的资源越少、时间越短，产生影响的范围也越小。因此，不要把自己能处理的异常也抛给调用者。

注意：finally 语句在任何情况下都必须有执行的代码，这样可以保证在任何情况下都必须执行代码的可靠性。例如，在数据库查询异常时，应该释放 JDBC 连接等。finally 语句先于 return 语句执行，而不论其先后位置如何，也不管 try 语句块是否出现异常。finally 语句唯一不被执行的情况是方法执行了 System. exit( )方法，System. exit( )的作用是终止当前正在运行的 Java 虚拟机。

最后还应该注意异常处理的以下语法规则：

（1）try、catch 和 finally 三个代码块中变量的作用域分别独立而不能相互访问。如果要实现在三个块中都可以访问，则需要将变量定义到这些块的外面。

（2）有多个 catch 块时，Java 虚拟机会匹配其中一个异常类或其子类，然后执行这个 catch 块，而不会再执行其他 catch 块。

（3）throw 语句后不允许紧跟其他语句，因为这些语句没有机会被执行。

（4）如果一种方法调用了另外一种声明抛出异常的方法，那么这种方法要么处理异常，要么声明抛出。怎么判断一种方法可能会出现异常呢？一般来说，方法声明时用了 throws 语句，方法中有 throw 语句，方法调用的方法声明就有 throws 关键字。

（5）throw 和 throws 关键字的区别。throw 用来抛出一个异常，在方法体内，语法格式为：throw 异常对象。throws 用来声明方法可能会抛出什么异常，在方法名后，语法格式为：throws 异常类型 1，异常类型 2，…，异常类型 n。

9.3.1 多重异常捕获

在 Java 7 中，增加了多重异常捕获功能，即在同一个 catch 语句块中捕获多种不同的异常，多个异常类型之间使用逻辑或符号(|)隔开，而且多个异常类型之间不能有继承关系。捕获多种类型的异常时，异常变量被隐式的关键字 final 修饰，因此不能对异常变量重新赋值。在捕捉异常时，需要记录异常信息，以便定位问题。

示例程序：

```
package cn.edu.bjut.chapter9;

public class MultiExceptionCatchTester {
    public static void main(String[] args) {
        try {
            int a = Integer.parseInt(args[0]);
            int b = Integer.parseInt(args[1]);
            int c = a / b;
            System.out.println("a / b = " + c);
        } catch (IndexOutOfBoundsException | NumberFormatException | ArithmeticException
        e) {
            System.out.println("发生了数组越界、数字格式异常、算术异常之一");
            // 捕获多重异常时,异常变量默认被 final 修饰,故下面的代码有误:
            // e = new ArithmeticException("test");
        } catch (Exception e) {
            e.printStackTrace();
            // 捕获一种类型的异常时,异常变量没有 final 修饰,故下面的代码正确:
            e = new RuntimeException("test");
        }
    }
}
```

9.3.2　隐式的 finally 语句块

从 Java 7 开始，try 后面可以加一对圆括号，在这对圆括号里面，可以声明并初始化一个或多个资源。当 try 语句块结束时，可以自动关闭资源，这样就不需要使用 finally 语句块，JVM 会自动处理。

示例程序：

```
package cn.edu.bjut.chapter9;

import java.io.BufferedReader;
import java.io.FileInputStream;
import java.io.FileNotFoundException;
import java.io.IOException;
import java.io.InputStreamReader;

public class ImplicitFinallyTester {
    public static void read(String fname) {
        try (BufferedReader reader = new BufferedReader(new InputStreamReader(
            new FileInputStream(fname)))) {
            for (String line; (line = reader.readLine()) != null; ) {
                System.out.println(line);
            }
        } catch (FileNotFoundException e) {
            e.printStackTrace();
        } catch (IOException e) {
            e.printStackTrace();
        }
    }

    public static void main(String[] args) {
        String fname = "data.txt";
        read(fname);
    }
}
```

9.3.3　嵌套 try-catch 结构

表 9-1 所示的三种形式是可以嵌套的。

示例程序：

```
package cn.edu.bjut.chapter9;

import java.io.BufferedReader;
import java.io.FileInputStream;
import java.io.FileNotFoundException;
import java.io.FileWriter;
import java.io.IOException;
import java.io.InputStreamReader;
import java.io.PrintWriter;

public class NestedTryCatchTester {
  public static void saveAs(String inFileName, String outFileName) {
    try (BufferedReader reader = new BufferedReader(new InputStreamReader(
      new FileInputStream(inFileName)))) {
      try (PrintWriter writer = new PrintWriter(new FileWriter(outFileName))) {
        for (String line; (line = reader.readLine()) != null; ) {
          writer.write(line + "\n");
        }
      } catch (IOException e) {
        e.printStackTrace();
      }
    } catch (FileNotFoundException e) {
      e.printStackTrace();
    } catch (IOException e) {
      e.printStackTrace();
    }
  }
  public static void main(String[] args) {
    String inFileName = "in.txt";
    String outFileName = "out.txt";
    saveAs(inFileName, outFileName);
  }
}
```

9.3.4 有异常的方法覆盖

抛出异常方法的覆盖要求子类抛出的异常范围不能比父类抛出的异常范围大，并且要遵守以下原则：

（1）父类抛出什么，子类就抛出什么。

（2）允许父类抛出，子类不抛出。

（3）允许父类抛出的多，子类抛出的少。

（4）允许父类不抛出运行时异常，子类抛出运行时异常。

（5）不允许父类不抛出非运行时异常，而子类抛出非运行时异常。

（6）不允许子类抛出一个父类没有抛出的异常。

以下示例程序包括父类 SuperClass 和子类 Subclass，展示了以上几条原则。

```
package cn.edu.bjut.chapter9;

import java.io.FileNotFoundException;
import java.io.IOException;

public class SuperClass {
    public void show() {
        System.out.println("父类: show()");
    }

    public void print() throws ArithmeticException {
        System.out.println("父类: print()");
    }

    public void display() throws FileNotFoundException {
        System.out.println("父类: display()");
    }

    public void demo() throws IOException {
        System.out.println("父类: demo()");
    }
}
```

```
package cn.edu.bjut.chapter9;

import java.io.FileNotFoundException;

public class Subclass extends SuperClass {
    @Override
    public void display() throws FileNotFoundException {
        //public void display() throws EOFException { // 错误
        System.out.println("子类: display()");
```

```
    }

    @Override
    public void print() {
        System.out.println("子类: print()");
    }

    @Override
    public void show() throws ArithmeticException {
        //public void show() throws IOException { // 错误
        System.out.println("子类: show()");
    }

    @Override
    public void demo() throws FileNotFoundException {
        System.out.println("父类: demo()");
    }
}
```

9.4 异常处理的原则和技巧

Java 语言中的异常处理需要把握的原则和技巧如下：

（1）避免过大的 try 语句块，不要把不会出现异常的代码放到 try 语句块中，尽量保持一个 try 语句块对应一个或多个异常。

（2）细化异常的类型，不要不管什么类型的异常都写成 Excetpion。

（3）catch 语句块尽量保持一个块捕获一类异常，不要忽略捕获的异常，捕获到异常后要么处理，要么重新抛出新类型的异常。

（4）不要把自己能处理的异常抛给别人。

（5）不要用 try、catch 和 finally 参与控制程序流程，异常控制的根本目的是处理程序的非正常情况。

9.5 自定义异常

在 Java 语言中，虽然提供了一些预定义的异常类，如 NullPointerException、IndexOutOfBoundsException、IOException 等，但有时这些预定义的异常类并不能完全满足我们的需求。在这种情况下，可以通过创建自定义异常类来表示特定的异常情况。

自定义异常类通常继承自 Exception 类或 RuntimeException 类，也可以继承自它们的子类，并根据需要添加相应的构造方法和其他方法以满足特定的异常处理需求。如果是一个非运行性异常类，可以继承自 Exception 类或其子类；如果是一个运行性异常类，可以继承自 RuntimeException 类或其子类。自定义异常类可以包含额外的数据成员和成员方法，以提供更多的信息和功能。另外，在适当的时候，需要用 throws 来抛出一个自定义异常对象。

自定义异常类一般提供两种构造方法：①无参构造方法；②有 message 参数的构造方法。

示例程序：

```
package cn.edu.bjut.chapter9;

public class MyNonRuntimeException extends Exception {
    private static final long serialVersionUID = 1L;

    public MyNonRuntimeException() {
        super();
    }

    public MyNonRuntimeException(String message) {
        super(message);
    }
}
```

```
package cn.edu.bjut.chapter9;

public class MyRuntimeException extends RuntimeException {
    private static final long serialVersionUID = 1L;

    public MyRuntimeException() {
        super();
    }

    public MyRuntimeException(String message) {
        super(message);
    }
}
```

以下示例程序把 Person 类的 age 数据成员控制在 0~130 之间，如果没有在这个范围内，则抛出 AgeException 异常。需要说明的是，应尽量抛出具体异常，以便以后覆盖或重写。

示例程序：

```
package cn.edu.bjut.chapter9;

public class AgeException extends Exception {
    private static final long serialVersionUID = 1L;

    public AgeException() {
        super();
    }

    public AgeException(String message) {
        super(message);
    }
}
```

```
package cn.edu.bjut.chapter9;

public class Person {
    private String name;
    private int age;

    public Person(String name, int age) throws AgeException {
        this.name = name;
        if (age < 0 || age > 130) {
            throw new AgeException("年龄范围必须在 0-130 之间. ");
        }
        this.age = age;
    }

    @Override
    public String toString() {
        return "Person [name = "+ name + ", age = "+ age + "]";
    }
```

```
    public static void main(String[] args) {
        Person p = null;
        try {
            p = new Person("王五", 150);
            System.out.println(p);
        } catch (AgeException e) {
            e.printStackTrace();
        }
    }
}
```

以上程序示例运行后将会抛出一个 AgeException，如图 9-3 所示。

```
cn.edu.bjut.chapter9.AgeException: 年龄范围必须在0-130之间。
    at cn.edu.bjut.chapter9.Person.<init>(Person.java:10)
    at cn.edu.bjut.chapter9.Person.main(Person.java:23)
```

图 9-3　自定义异常（AgeException）信息截图

本章习题

1. 针对第 5 章的第 1 道习题，为 getRow(int index) 和 getColumn(int index) 添加 IndexOutOfBoundsException 异常。

2. 为第 6 章的习题自定义两个异常类：ClassificationFormatException 和 DateFormatException。

第10章 输入与输出

※ 熟悉 Java 的输入与输出概念。
※ 掌握 Java 的字节流与字符流（重点）。
※ 掌握 InputStream 类、OutputStream 类、Reader 类与 Writer 类（重点）。
※ 掌握文件的输入与输出（难点）。
※ 掌握对象的序列化与反序列化（重点）。

10.1 Java 的输入与输出

程序的主要任务是操纵数据，大多数程序都要进行输入和输出处理，例如，从键盘输入数据，从文件读取数据或者将数据写入文件保存起来，或者对一个网络链接读写等。在 Java 语言中，把一组有序的数据序列称为流（stream）。根据操纵的方向，可以把流分为输入流（input stream）和输出流（output stream）两种。程序从输入流读取数据，向输出流写数据。流是一个很形象的概念，当程序需要读取数据时，就会开启一个通向数据源的流，这个数据源可以是文件、内存或网络链接。类似的，当程序需要写入数据时，就会开启一个通向目的地的流。

10.2　字节流与字符流

流是数据的有序序列，它既可以是未加工的原始二进制数据，也可以是经过一定编码处理后的符合某种规定格式的特定数据。数据的性质、格式不同，则对流的处理方法也不同。因此，Java 语言的输入与输出类库中有不同的流类来应对不同性质的输入流与输出流。如果数据流中的最小数据单元是字节，则称这种流为字节流（byte stream）；如果数据流中的最小数据单元是字符，则称这种流为字符流（character stream）。在 I/O 类库中，java. io. InputStream 和 java. io. OutputStream 分别表示字节输入流和字节输出流，java. io. Reader 和 java. io. Writer 分别表示字符输入流和字符输出流。

10. 2. 1　InputStream 类

InputStream 类用来表示从不同数据源产生输入的类。这些数据源包括音频、字节数组、文件、管道（Pipeline）、由其他种类的流组成的序列等，每一种数据源都有相应的 InputStream 子类，InputStream 类的主要直接子类见表 10-1，其常用成员方法见表 10-2。

表 10-1　InputStream 类的主要直接子类

AudioInputStream	主要功能	提供了对音频数据源的访问和操作功能，允许程序从这些源中读取音频流数据，以便进行播放、处理等操作
	构造方法	AudioInputStream(InputStream stream, AudioFormat format, long length) stream：用于提供原始音频数据的输入流；format：指定音频的格式信息，包括采样率、声道数、编码类型等；length：表示音频数据的长度（通常以字节为单位）
ByteArrayInputStream	主要功能	将一个字节数组作为数据源进行读取操作，允许程序按照顺序依次读取数组中的字节
	构造方法	ByteArrayInputStream(byte[ ] buf) ByteArrayInputStream(byte[ ] buf, int offset, int length) 基于给定的字节数组 buf，从指定的起始位置 offset 开始，到指定的长度 length 结束，创建一个可以从这个范围内读取字节数据的输入流

续表

FileInputStream	主要功能	打开指定文件，并提供方法来逐字节或按一定数量的字节读取文件中的内容
	构造方法	FileInputStream(File file) FileInputStream(String name) 以 File 对象 file 或文件路径字符串 name 为参数，创建一个与指定文件相关联的输入流
FilterInputStream	主要功能	装饰器类，本身并不直接从数据源读取数据，而是基于已有的输入流进行扩展和增强，可以实现缓冲、数据转换等功能。通过继承 FilterInputStream 可以创建各种具体的过滤流来满足不同的需求
	构造方法	FilterInputStream(InputStream in) 以一个输入流 in 为参数，通过这个构造方法创建的 FilterInputStream 可以对这个输入流进行一些额外的处理或修饰
PipedInputStream	主要功能	主要用于实现两个线程之间的管道通信，可以与 PipedOutputStream 配合使用，一个线程向 PipedOutputStream 写入数据，另一个线程可以通过 PipedInputStream 读取这些数据，从而在不同线程间进行高效的数据传递
	构造方法	PipedInputStream() PipedInputStream(int pipeSize) 创建一个空的 PipedInputStream 对象，可以指定管道的大小 (pipeSize) PipedInputStream(PipedOutputStream src) PipedInputStream(PipedOutputStream src,int pipeSize) 创建一个与指定的 PipedOutputStream (src) 相关联的 PipedInputStream 对象，可以指定管道的大小 (pipeSize)
SequenceInputStream	主要功能	将多个独立的输入流按顺序组合成一个连续的输入流，使程序可以依次从这些输入流中读取数据，就好像它们是一个连续的整体，这样方便对多个相关的输入流进行统一处理
	构造方法	SequenceInputStream(Enumeration<? extends InputStream> e) 使用一个包含输入流枚举的参数 e 来创建 SequenceInputStream 对象，按照枚举中输入流的顺序依次从这些输入流读取数据 SequenceInputStream(InputStream s1,InputStream s2) 接收两个输入流 s1 和 s2，创建的 SequenceInputStream 对象会先从 s1 读取数据，当 s1 读取完后再从 s2 读取数据

表 10-2　InputStream 类的常用成员方法

成员方法	功能说明
int read(byte[ ] buf)	从输入流中读取数据并尽可能多地填充到给定的字节数组 buf 中，然后返回实际读取到的字节数。如果到达输入流的末尾，则返回-1
int read(byte[ ] buf,int offset,int len)	从输入流中读取最多 len 个字节的数据到给定的字节数组 buf 中，从数组索引 offset 处开始存放。返回实际读取到的字节数，如果到达流的末尾，则返回-1
void reset( )	将输入流重置到它最近一次标记的位置。如果该流没有被标记过，就会抛出 IOException。这个方法可以用于在某些情况下重新回到之前标记的位置再次读取数据
long skip(long n)	尝试跳过输入流中的 n 个字节。它返回实际跳过的字节数，可能会小于指定的 n，如果已经到达流的末尾，则返回从当前位置到末尾的字节数
int available( )	返回当前输入流中的可用字节数量
void mark(int readLimit)	在当前位置标记一下，以便后续可以通过 reset( ) 方法回到这个标记位置。参数 readLimit 表示在标记失效前可以读取的字符数量上限
boolean markSupported( )	用于判断当前输入流是否支持标记和重置操作。如果返回 true，则表示该输入流支持标记和重置；如果返回 false，则表示不支持标记和重置
void close( )	关闭当前输入流，并释放与该输入流关联的系统资源

10. 2. 2　OutputStream 类

OutputStream 类的作用是把产生的数据源输出到不同的数据源中。这些数据源包括字节数组、文件或管道（Pipeline）等，每一种数据源都有相应的 OutputStream 子类，OutputStream 类的主要直接子类见表 10-3，其常用成员方法见表 10-4。

表 10-3　OutputStream 类的主要直接子类

类	项目	说明
ByteArrayOutputStream	主要功能	在内存中创建一个可扩展的字节数组缓冲区，程序可以向这个流中写入字节数据，随着数据的不断写入，字节数组会自动扩展以容纳新的数据。最后可以通过 toByteArray( )方法获取包含所有写入数据的字节数组。它常用于需要在内存中临时存储和操作字节数据的场景
	构造方法	ByteArrayOutputStream( ) 创建一个 ByteArrayOutputStream 对象，字节数组的初始大小为 32 ByteArrayOutputStream(int size) 创建一个 ByteArrayOutputStream 对象，字节数组的初始大小为 size。预先分配一定容量的字节数组，在某些情况下可以提高性能，避免频繁地进行数组扩展操作
FileOutStream	主要功能	可以打开一个文件输出流，通过这个流将字节数据按顺序写入指定的文件，可以实现对文件内容的创建或更新等操作
	构造方法	FileOutputStream(File file) FileOutputStream(File file, boolean append) 创建一个与参数 file 关联的文件输出流，通过它可以将数据写入该文件中。参数 append 如果为 true，则表示以追加的方式向文件写入数据，即新写入的数据会被添加到文件原有内容的后面；如果为 false(默认)，则会覆盖文件中原有的内容 FileOutputStream(String name) FileOutputStream(String name, boolean append) 以指定的文件名 name 创建一个文件输出流，通过它可以将数据写入该文件中。参数 append 如果为 true，则表示以追加的方式向文件写入数据，即新写入的数据会被添加到文件原有内容的后面；如果为 false（默认），则会覆盖文件中原有的内容
FilterOutputStream	主要功能	装饰器类，本身并不直接对实际数据进行输出操作，而是在基础输出流之上添加一些特定的行为特性，如缓冲、数据转换等
	构造方法	FilterOutputStream(OutputStream out) 用指定的基础输出流来初始化 FilterOutputStream，使得对 FilterOutputStream 的操作会基于这个底层的输出流来进行进一步的处理或修饰

续表

PipedOutputStream	主要功能	与 PipedInputStream 配合，实现两个线程之间的管道通信，它可以向管道中写入数据，这些数据可以被连接的 PipedInputStream 读取，从而在不同线程间进行数据的传递和交互
	构造方法	PipedOutputStream( ) 创建独立的 PipedOutputStream 对象，之后可以通过 connect(PipedInputStream snk)方法将其与一个 PipedInputStream 连接起来形成管道通信 PipedOutputStream(PipedInputStream snk) 将当前的 PipedOutputStream 与指定的 PipedInputStream 连接起来，建立起一个管道通信的关系，使得通过这个输出流写入的数据可以被与之连接的输入流读取

表 10-4　OutputStream 类的常用成员方法

成员方法	功能说明
void write(byte[ ] buf)	将字节数组 buf 中的所有字节写入输出流中
void write(byte[ ] buf,int offset,int len)	将字节数组 buf 中从索引 offset 开始，长度为 len 的部分字节写入输出流中
void flush( )	强制将输出流缓冲的数据立即写出。有时数据可能先暂存在缓冲中，调用这个方法可以确保这些缓冲的数据被实际输出到目标位置，如文件或网络连接等
void close( )	关闭当前输出流，并释放与该输出流关联的系统资源

需要说明的是，DataInputStream 是 FilterInputStream 类的子类，与之对应的是，DataOutputStream 是 FilterOutputStream 类的子类。DataInputStream 允许读取不同的基本类型数据以及 String 对象，DataOutputStream 可以将各种基本数据类型以及 String 对象格式化到“流”中，以便在任何机器上的任何 DataInputStream 都能够读取它们。所有方法都以 write 开头，如 writeByte( )、writeFloat( )等。

示例程序：

```
package cn.edu.bjut.chapter10;

import java.io.DataOutputStream;
import java.io.File;
import java.io.FileOutputStream;
```

```
public class DataOutputStreamTester {
  public static void main(String args[]) throws Exception {
    File f = new File("courses.txt");
    DataOutputStream dos = new DataOutputStream(new FileOutputStream(f));
    String[] names = { "Java 语言", "C 语言", "数据库", "数据结构" };
    double[] credits = { 3.0, 3.0, 2.0, 2.5 };
    int numStudents[] = { 30, 25, 28, 20 };
    for (int i = 0; i < names.length; i++) {
      dos.writeChars(names[i]); // 写入字符串
      dos.writeChar('\t'); // 写入分隔符
      dos.writeDouble(credits[i]); // 写入学分
      dos.writeChar('\t'); // 写入分隔符
      dos.writeInt(numStudents[i]); // 写入选课人数
      dos.writeChar('\n'); // 换行
    }
    dos.close(); // 关闭输出流
  }
}
```

```
package cn.edu.bjut.chapter10;

import java.io.DataInputStream;
import java.io.File;
import java.io.FileInputStream;

public class DataInputStreamTester {
  public static void main(String args[]) throws Exception {
    File f = new File("courses.txt");
    DataInputStream dis = new DataInputStream(new FileInputStream(f));
    try {
      while (true) {
        // 读取课程名称
        StringBuilder sb = new StringBuilder();
        for (char c; (c = dis.readChar()) != '\t';) {
          sb.append(c);
        }
        String name = sb.toString();

        double credit = dis.readDouble(); // 读取学分
        dis.readChar(); // 读取\t
        int numStudents = dis.readInt(); // 读取选课人数
```

```
            dis.readChar(); // 读取 \n
            System.out.println("名称: " + name + "; 学分: " + credit
              + "; 选课人数: " + numStudents);
        }
    } catch (Exception e) {
        // e.printStackTrace();
    }
    dis.close();
  }
}
```

10.2.3　Reader 类与 Writer 类

对于字节输入流 InputStream 与字节输出流 OutputStream，相应的字符流类是 Reader 和 Writer。表 10-5 和表 10-6 列出了 Reader 类与 Writer 类的常用成员方法。需要注意的是，由于 Reader 类与 Writer 类是抽象类，因此程序中创建的字符输入流或字符输出流应该是 Reader 类或 Writer 类的某个子类的对象，分别见表 10-7 和表 10-8。

表 10-5　Reader 类的常用成员方法

成员方法	功能说明
int read()	读取一个字符并返回该字符的整数值，如果到达流的末尾，则返回-1
int read(char[] buf)	从输入流中读取数据，并尽可能多地填充到给定的字符数组 buf 中，然后返回实际读取到的字符数。如果到达输入流的末尾，则返回-1
abstract int read(char[] buf,int offset,int len)	从输入流中读取最多 len 个字符的数据到给定的字符数组 buf 中，从数组索引 offset 处开始存放。返回实际读取到的字符数，如果到达流的末尾，则返回-1
void reset()	将输入流重置到其最近一次标记的位置。如果该流没有被标记过，就会抛出 IOException。这个方法可以用于在某些情况下重新回到之前标记的位置再次读取数据
long skip(long n)	尝试跳过输入流中的 n 个字符。它返回实际跳过的字符数，可能会小于指定的 n，如果已经到达流的末尾，则返回从当前位置到末尾的字符数

续表

成员方法	功能说明
boolean ready( )	判断当前输入流是否已准备好等待读取。如果准备好，就返回true；否则，返回 false
void mark(int readLimit)	在当前位置标记一下，以便后续可以通过 reset( )方法回到这个标记位置。参数 readLimit 表示在标记失效前可以读取的字符数量上限
boolean markSupported( )	用于判断当前输入流是否支持标记和重置操作。如果返回 true，则表示该输入流支持标记和重置；如果返回 false，则表示不支持
abstract void close( )	关闭当前输入流，并释放与该输入流关联的系统资源

表 10-6　Writer 类的常用成员方法

成员方法	功能说明
void write(int c)	将指定的整数表示的字符写入输出流中
void write(char[ ] buf)	将指定的字符数组 buf 中的所有字节写入输出流中
abstract void write(char[ ] buf, int offset, int len)	将字节数组 buf 中从索引 offset 开始，长度为 len 的部分字符写入输出流中
void write(String str)	将指定的字符串写入输出流中
void write(String str, int offset, int len)	将字符串从 offset 位置开始的长度为 len 的子字符串写入输出流中
abstract void flush( )	强制将输出流缓冲的数据立即写出。有时数据可能先暂存在缓冲中，调用这个方法可以确保这些缓冲的数据被实际输出到目标位置，如文件或网络链接等
abstract void close( )	关闭当前输出流，并释放与该输出流关联的系统资源

表 10-7　Reader 类的主要直接子类

BufferedReader	主要功能	从字符输入流中进行高效读取，它通过缓冲机制让读取操作变得更加流畅和快速，减少了与数据源频繁交互的开销。而且它还擅长按行读取文本，用 String readLine( )方法能轻松获取一行一行的内容
	构造方法	BufferedReader(Reader in) BufferedReader(Reader in, int sz) 创建一个 BufferedReader 对象，参数 in 是一个底层的输入流对象，参数 sz 指定了缓冲区的大小，通过这种构造方法将输入流对象 in 与 BufferedReader 关联起来，以便进行更高效的读取操作

续表

CharArrayReader	主要功能	用于从字符数组中读取数据，它可以将给定的字符数组视为一个数据源，允许程序方便地从这个数组中逐个字符地进行读取操作。它提供了一种直接与字符数组进行交互的方式，使得对数组内字符数据的处理变得简单而直观，无论是顺序读取还是根据特定需求灵活地读取都能轻松实现
	构造方法	CharArrayReader(char[ ] buf) CharArrayReader(char[ ] buf,int offset,int length) 创建一个 CharArrayReader 对象，buf 是要读取的字符数组，offset 表示从数组的哪个位置开始读取，而 length 则规定了要读取的字符长度
FilterReader	主要功能	提供了一个基础框架，让开发者可以基于它来创建自定义的读取器，通过对基本读取操作进行一些特定的过滤或处理，从而实现更灵活、更有针对性的读取行为
	构造方法	FilterReader(Reader in) 以给定的 Reader 对象 in 为基础，创建一个 FilterReader 对象。可以在这个基础读取器的行为上进行一些额外的过滤或处理操作，为实现更具个性化的读取行为提供可能
InputStreamReader	主要功能	将字节输入流转换为字符输入流，能够方便地从字节流中读取字符数据。通过它可以更直观地处理那些原本是字节形式的数据，将其转化为更容易理解和操作的字符形式
	构造方法	InputStreamReader(InputStream in) 以字节输入流 in 为基础，创建一个 InputStreamReader 对象，这样可以将字节输入流转换为字符输入流 InputStreamReader(InputStream in,Charset cs) 以字节输入流 in 为基础，创建一个 InputStreamReader 对象，这样可以将字节输入流按照指定的字符集 cs 转换为字符输入流 InputStreamReader(InputStream in,CharsetDecoder dec) 以字节输入流 in 为基础，创建一个 InputStreamReader 对象，这样可以将字节输入流按照指定的字符集解码器 dec 转换为字符输入流 InputStreamReader(InputStream in,String charsetName) 以字节输入流 in 为基础，创建一个 InputStreamReader 对象，这样可以将字节输入流按照指定的字符集名称 charsetName 转换为字符输入流

续表

PipedReader	主要功能	主要用于实现两个线程之间的管道通信，可以与 PipedWriter 配合使用，一个线程向 PipedWriter 写入数据，另一个线程可以通过 PipedReader 读取这些数据，从而在不同的线程间进行高效的数据传递
	构造方法	PipedReader( ) PipedReader(int pipeSize) 创建一个空的 PipedReader 对象，可以指定管道的大小（pipeSize） PipedReader(PipedWriter src) PipedReader(PipedWriter src, int pipeSize) 创建一个与指定的 PipedWriter(src) 相关联的 PipedReader 对象，可以指定管道的大小（pipeSize）
StringReader	主要功能	主要是把一个字符串当作一个输入流来处理，可以像对待其他输入流一样，对给定的字符串进行读取操作
	构造方法	StringReader(String s) 以给定的字符串 s 为数据源，创建一个 StringReader 对象

表 10-8　Writer 类的主要直接子类

BufferedWriter	主要功能	可以将数据先缓存起来，等到积累到一定量或者满足特定条件时再一次性写入底层的输出流，这样能提高数据写入的效率，减少频繁与底层设备交互的开销
	构造方法	BufferedWriter(Writer out) 创建一个 BufferedWriter 对象，字节数组的初始大小为默认值 BufferedWriter(Writer out, int sz) 创建了一个 BufferedWriter 对象，参数 out 是一个底层的输出流对象，参数 sz 指定了缓冲区的大小，通过这种构造方法可以将输出流对象 out 与 BufferedWriter 关联起来，以便进行更高效的写入操作
CharArrayWriter	主要功能	将要写入的数据先存储到一个字符数组中，就像是一个专门收集字符的小容器，可以方便地将字符一个一个地添加进去
	构造方法	CharArrayWriter( ) 创建一个 CharArrayWriter 对象，字节数组的初始大小为默认值 CharArrayWriter(int size) 创建一个 CharArrayWriter 对象，字符数组的初始大小为 size。预先分配一定容量的字符数组，在某些情况下可以提高性能，避免频繁地进行数组扩展操作

续表

FilterWriter	主要功能	提供了一个基础框架，让开发者可以基于它来创建自定义的写入器，通过对基本读取操作进行一些特定的过滤或处理，从而实现更灵活、更有针对性的写入行为
	构造方法	FilterWriter(Writer out) 以给定的 Writer 对象 out 为基础，创建一个 FilterWriter 对象。可以在这个基础写入器的行为之上进行一些额外的过滤或处理操作，为实现更具个性化的写入行为提供可能
OutputStreamWriter	主要功能	主要负责将字符数据转换为字节数据，以便能写入字节输出流中。它连接着字符世界和字节世界，可以方便地把字符形式的信息按照特定的编码规则转换为字节流进行输出
	构造方法	OutputStreamWriter(OutputStream out) 以字节输出流 out 为基础，创建一个 OutputStreamWriter 对象，这样可以将字符输出流转换为字节输出流 OutputStreamWriter(OutputStream out,Charset cs) 以字节输出流 out 为基础，创建一个 OutputStreamWriter 对象，这样可以将字符输出流按照指定的字符集 cs 转换为字节输出流 OutputStreamWriter(OutputStream out,CharsetEncoder enc) 以字节输出流 out 为基础，创建一个 OutputStreamWriter 对象，这样可以将字符输出流按照指定的字符集编码器 enc 转换为字节输出流 OutputStreamWriter(OutputStream out,String charsetName) 以字节输出流 out 为基础，创建一个 OutputStreamWriter 对象，这样可以将字符输出流按照指定的字符集名称 charsetName 转换为字节输出流
PipedWriter	主要功能	主要和 PipedReader 配合使用，可以向管道中写入字符数据，这些数据可以被与之相连的 PipedReader 读取
	构造方法	PipedWriter() 创建独立的 PipedWriter 对象，之后可以通过 connect(PipedReader snk)方法将其与一个 PipedReader 连接起来形成管道通信 PipedWriter(PipedReader snk) 将当前的 PipedWriter 与指定的 PipedReader 连接起来，建立起一个管道通信的关系，使得通过这个输出流写入的数据可以被与之连接的输入流读取

续表

PrintWriter	主要功能	主要可以把各种数据类型（如整数、浮点数、字符串等）以一种比较清晰和易读的方式输出到指定的目的地，它还提供了一些便捷的方法进行换行等操作，让输出的内容更具条理
	构造方法	PrintWriter(File file) 创建一个 PrintWriter 对象，与指定的文件 file 相关联，可以通过这个 PrintWriter 向该文件中写入字符数据 PrintWriter(File file,String csn) 创建一个 PrintWriter 对象，与指定的文件 file 相关联，可以通过这个 PrintWriter 向该文件中以字符编码 csn 写入字符数据 PrintWriter(OutputStream out) PrintWriter(OutputStream out,boolean autoFlush) 创建的 PrintWriter 对象与给定的 out 相关联，可以通过这个 PrintWriter 将字符数据转换为字节数据并通过这个输出流进行输出。如果 autoFlush 为 true，那么在写入时会自动将数据刷新到输出流中，否则需要手动进行刷新操作 PrintWriter(String fileName) 创建一个 PrintWriter 对象，与指定名称的文件相关联，可以通过这个 PrintWriter 向该文件中写入字符数据 PrintWriter(String fileName,String csn) 创建一个 PrintWriter 对象，与指定名称的文件相关联，可以通过这个 PrintWriter 向该文件中以字符编码 csn 写入字符数据 PrintWriter(Writer out) PrintWriter(Writer out,boolean autoFlush) 创建的 PrintWriter 对象与给定的 out 相关联，可以通过这个 PrintWriter 对关联的 Writer 进行字符数据的输出。如果 autoFlush 为 true，那么在写入时会自动将数据刷新到输出流中，否则需要手动进行刷新操作
StringWriter	主要功能	把写入的数据以字符串的形式存储起来，就像是一个专门收集字符并将其转化为字符串的小盒子。可以不断地向它写入字符数据，然后在需要的时候轻松地获取已经写入的内容所形成的完整字符串
	构造方法	StringWriter() 创建一个 StringWriter 对象，初始缓冲区的大小为默认值 StringWriter(int size) 创建一个 StringWriter 对象，初始缓冲区的大小为 size

以下是 Reader 类与 Writer 类示例程序，其主要功能是从键盘读入用户的

输入，并显示在屏幕上。

Reader 类与 Writer 类示例程序：

```
package cn.edu.bjut.chapter10;

import java.io.InputStreamReader;
import java.io.OutputStreamWriter;

public class ReaderAndWriterTester {
    public static void main(String[] args) {
        InputStreamReader reader = new InputStreamReader(System.in);
        OutputStreamWriter writer = new OutputStreamWriter(System.out);
        try {
            System.out.println("请输入一行字符,并按回车键结束");
            for (int c; (c = reader.read()) != '\n'; ) {
                writer.write((char) c);
            }
            writer.close();
            reader.close();
        } catch (Exception e) {
            e.printStackTrace();
        }
    }
}
```

10.3　文件的输入与输出

在计算机系统中，需要长期保留的数据是以文件的形式存放在磁盘、磁带等外部存储设备中的。程序运行常常要从文件中读取数据，同时也要把需要长期保留的数据写入文件中，所以文件操作是计算机不可缺少的一部分。

10.3.1　File 类

File 类是 java. io 包中唯一代表磁盘文件本身的对象。通过 File 类来创建、删除、重命名文件。File 类对象的主要作用就是获取文件本身的一些信息，如文件所在的目录、文件的长度、读写权限等。File 类似于一个路径，即文件路径或者文件夹路径，路径分为绝对路径和相对路径：绝对路径是一个固定的路径，从盘符开始；相对路径是相对于某个位置而言的，在 Eclipse 集成开发环境中特指当前项目下。

File 类的构造方法有四种，见表 10-9。如果只处理一个文件，则使用第一种构造方法；如果处理一个公共目录的若干子目录或文件，则使用第二种或者第三种方法更方便；如果处理 URI 所指向的文件或目录，则使用第四种方法。File 类的常用成员方法见表 10-10。

表 10-9　File 类的构造方法

构造方法	功能说明
File(String pathName)	通过指定的路径名 pathName 创建一个 File 对象
File(String parent,String child)	创建一个 File 对象，表示在指定的父路径 parent 下的子路径或文件名为 child 的那个文件或目录
File(File parent,String child)	创建一个 File 对象，表示在 File 类型对象 parent 所表示的父路径下的子路径或文件名为 child 的那个文件或目录
File(URI uri)	通过指定的统一资源标识符（URI）uri 来创建一个 File 对象，代表这个 URI 所指向的文件或目录

表 10-10　File 类的常用成员方法

成员方法	功能说明
boolean canRead()	判断当前 File 对象所表示的文件或目录是否可读，如果可读就返回 true，否则返回 false
boolean canWrite()	判断当前 File 对象所表示的文件或目录是否可写，如果可写就返回 true，否则返回 false
boolean delete()	删除当前 File 对象所表示的文件或目录，如果删除成功就返回 true，否则返回 false
boolean exists()	测试文件是否存在
String getAbsolutePath()	获取当前 File 对象所表示文件或目录的绝对路径名
String getCanonicalPath()	获取当前 File 对象所表示文件或目录的规范路径名
String getName()	获取当前 File 对象所表示的文件或目录名称
String getParent()	获取当前 File 对象所表示文件或目录的父路径名称
String getPath()	获取当前 File 对象所表示的文件或目录的路径名称
boolean isDirectory()	判断当前 File 对象表示的是否为一个目录，如果是就返回 true，否则返回 false

续表

成员方法	功能说明
boolean isFile( )	判断当前 File 对象表示的是否为一个文件，如果是就返回 true，否则返回 false
String[ ] list(FileFilter filter)	返回一个字符串数组，其中包含当前 File 对象表示的目录中满足指定过滤条件的所有文件和子目录的名称
String[ ] list( )	返回一个字符串数组，其中包含当前 File 对象表示的目录中的所有文件和子目录的名称
File[ ] listFiles(FileFilter filiter)	返回一个 File 数组，其中包含当前 File 对象表示的目录中满足指定过滤条件的所有文件和子目录
File[ ] listFiles( )	返回一个 File 数组，其中包含当前 File 对象表示的目录中的所有文件和子目录
boolean mkdir( )	创建一个目录，其路径名由当前 File 对象指定
boolean mkdirs( )	创建一个目录，其路径名由当前 File 对象指定，同时创建所有必要的父目录
boolean renameTo(File dest)	将当前 File 对象重命名为指定的目标 File 对象，如果重命名成功就返回 true，否则返回 false

File 类示例程序：

```
package cn.edu.bjut.chapter10;

import java.io.File;
import java.io.IOException;

public class FileTester {
    static public void listAllFiles(String dirName) {
        File dir = new File(dirName);

        for (File f : dir.listFiles()) {
            if (f.isFile()) {
                try {
                    System.out.println(f.getCanonicalPath());
                } catch (IOException e) {
                    e.printStackTrace();
                }
            } else if (f.isDirectory()) {
```

```
            try {
                listAllFiles(f.getCanonicalPath());
            } catch (IOException e) {
                e.printStackTrace();
            }
        }
    }
}

public static void main(String[] args) {
    String dirName = "D:/data";
    listAllFiles(dirName);
}
}
```

10.3.2 FileInputStream 类与 FileOutputStream 类

在实际业务中，经常会遇到文件的读写操作，例如，将程序产生的大量数据写入磁盘文件中，或者从已经存在的数据文件中读取数据。Java 提供了两种类：FileInputStream 类是用于读取文件中的字节数据的字节文件输入流类，FileOutputStream 类是用于向文件写入字节数据的字节文件输出流类。表 10-11 和表 10-12 列出了 FileInputStream 类与 FileOutputStream 类的构造方法，表 10-13 和表 10-14 列出这两个类的常用成员方法。

表 10-11　FileInputStream 类的构造方法

构造方法	功能说明
FileInputStream(Stirng name)	创建一个 FileInputStream 对象，通过指定的文件名 name 来打开文件进行读取操作
FileInputStream(File file)	创建一个 FileInputStream 对象，对 File 对象对应的文件进行读取操作
FileInputStream(FileDescriptor fd)	创建一个 FileInputStream 对象，对 FileDescriptor 对象对应的文件进行读取操作

表 10-12　FileOutputStream 类的构造方法

构造方法	功能说明
FileOutputStream(String name)	创建一个 FileOutputStream 对象，通过指定的文件名 name 来打开文件进行写入操作
FileOutputStream(File file)	创建一个 FileOutputStream 对象，对 File 对象对应的文件进行写入操作
FileOutputStream(FileDescriptor fd)	创建一个 FileOutputStream 对象，对 FileDescriptor 对象对应的文件进行写入操作

表 10-13　FileInputStream 类的常用成员方法

成员方法	功能说明
int read()	从输入流中读取下一个字节的数据，如果到达文件末尾，则返回-1
int read(byte[] b)	从输入流中读取数据并尽可能多地填充到给定的字节数组 buf 中，然后返回实际读取到的字节数。如果到达文件的末尾，则返回-1
int read(byte[] b,int offset,int len)	从输入流中读取最多 len 个字节的数据到给定的字节数组 buf 中，从数组索引 offset 处开始存放。返回实际读取到的字节数，如果到达文件的末尾，则返回-1
int available()	返回当前输入流中的可用字节数量
long skip(long n)	尝试跳过输入流中的 n 个字节。它返回实际跳过的字节数，可能会小于指定的 n，如果已经到达文件的末尾，则返回从当前位置到末尾的字节数
void close()	关闭当前输入流，并释放与该输入流关联的系统资源

表 10-14　FileOutputStream 类的常用成员方法

成员方法	功能说明
void write(int b)	将整数表示的字节写入输出流中
void write(byte[] b)	将字节数组 buf 中的所有字节写入输出流中
void write(byte[] b, int offset, int len)	将字节数组 buf 中从索引 offset 开始，长度为 len 的部分字节写入输出流中
void close()	关闭当前输出流，并释放与该输出流关联的系统资源

FileInputStream 类和 FileOutputStream 类示例程序：

```
package cn.edu.bjut.chapter10;

import java.io.DataInputStream;
import java.io.DataOutputStream;
import java.io.FileInputStream;
import java.io.FileOutputStream;
import java.io.IOException;

public class FileInputStreamAndFileOutputStreamTester {
  public static void main(String[] args) throws IOException {
    try (DataOutputStream output
          = new DataOutputStream(new FileOutputStream("scores.dat"));) {
      output.writeUTF("Newton");
      output.writeDouble(98.6);
      output.writeUTF("Albert");
      output.writeDouble(92.5);
      output.writeUTF("Anne");
      output.writeDouble(94.2);
    }

    try (DataInputStream input
      = new DataInputStream(new FileInputStream("scores.dat"));) {
      System.out.println(input.readUTF() + "\t" + input.readDouble());
      System.out.println(input.readUTF() + "\t" + input.readDouble());
      System.out.println(input.readUTF() + "\t" + input.readDouble());
    }
  }
}
```

10.3.3 FileReader 类和 FileWriter 类

FileReader 类和 FileWriter 类的成员方法是直接从父类 Reader 和 Writer 类继承来的，表 10-15 和表 10-16 列出了 FileReader 类和 FileWriter 类的构造方法。

表 10-15　FileReader 类的构造方法

构造方法	功能说明
FileReader(String name)	创建一个 FileReader 对象，通过指定的文件名 name 来打开文件进行读取操作
FileReader(File file)	创建一个 FileReader 对象，对 File 对象对应的文件进行读取操作
FileReader(FileDescriptor fd)	创建一个 FileReader 对象，对 FileDescriptor 对象对应的文件进行读取操作

表 10-16　FileWriter 类的构造方法

构造方法	功能说明
FileWriter(String name)	创建一个 FileWriter 对象，通过指定的文件名 name 来打开文件进行写入操作
FileWriter(File file)	创建一个 FileWriter 对象，对 File 对象对应的文件进行写入操作
FileWriter(FileDescriptor fd)	创建一个 FileWriter 对象，对 FileDescriptor 对象对应的文件进行写入操作

FileReader 类和 FileWriter 类示例程序：

```
package cn.edu.bjut.chapter10;

import java.io.File;
import java.io.FileReader;
import java.io.FileWriter;
import java.io.IOException;

public class FileReaderAndFileWriterTester {
  public static void main(String[] args) throws IOException {
    String filename = "tmp.txt";
    File file = new File(filename);
    FileWriter writer = new FileWriter(file);
    writer.write("案例式 Java 语言程序设计.");
    writer.flush();
    writer.close();
    FileReader reader = new FileReader(file);
```

```
        char[] content = new char[1024];
        reader.read(content);
        System.out.println(content);
        reader.close();
    }
}
```

10.4 对象的序列化

10.4.1 序列化的概念

Java 的对象序列化（Object Serialization）将那些实现了 Serializable 接口的对象转换成一个字节序列，并可以在以后将这个字节序列完全恢复为原来的对象。这一过程甚至可通过网络进行，意味着序列化机制能自动弥补不同操作系统之间的差异。也就是说，可以在运行 Windows 系统的计算机上创建一个对象，将其序列化，通过网络将其发送给一台运行 Linux 系统的计算机，然后在那里准确地重新组装，不必担心数据在不同机器上的表示不同，也不必关心字节的顺序或者其他任何细节。就其本身而言，对象的序列化是非常有趣的，因为利用它可以实现“轻量级持久化”。“持久化”意味着一个对象的生存周期并不取决于程序是否正在执行，它可以生存于程序的调用之间。通过将一个序列化对象写入磁盘，然后在重新调用程序时恢复该对象，就能实现持久化的效果。之所以称其为“轻量级”，是因为不能用某种关键字来简单地定义一个对象，并让系统自动维护其他细节问题。相反，对象必须在程序中显式地序列化和重组。Java 的“远程方法调用”使存活于其他计算机上的对象使用起来就像是存活于本机上一样。当向远程对象发送消息时，需要通过对象序列化来传输参数和返回值。

10.4.2 ObjectInputStream 和 ObjectOutputStream 中的对象序列化

只要对象实现了 Serializable 接口（该接口仅是一个标记接口，不包括任何方法），对象的序列化处理就会非常简单。当序列化的概念被加入语言中时，许多标准库类都发生了改变，以便能够使之序列化。为了序列化一个对象，首先要创建一个 OutputStream 对象，然后将其封装在一个 ObjectOutStream 对象内。这时只需调用 writeObject 方法即可将对象序列化，并将其发送给 OutputStream 对象。要将一个序列化重组为一个对象，需要将 InputStream 封装在 ObjectInputStream 内，然后调用 readObject 方法。ObjectInputStream 类和 ObjectOutputStream 类为应用程序提供对象的持久化存储。一个 ObjectInputStream 对象可以反序列化通过 ObjectOutputStream 对象写入的基本数据类型和对象。ObjectInputStream 类和 ObjectOutputStream 类的构造方法见表 10-17。

表 10-17　ObjectInputStream 类和 ObjectOutputStream 类的构造方法

构造方法	功能说明
ObjectInputStream(InputStream in)	用输入流 in 来创建一个 ObjectInputStream 对象
ObjectOutStream(OutputStream out)	用输出流 out 来创建一个 ObjectOutputStream 对象

ObjectInputStream 类和 ObjectOutputStream 类示例程序：

```
package cn.edu.bjut.chapter10;

import java.io.FileInputStream;
import java.io.FileOutputStream;
import java.io.ObjectInputStream;
import java.io.ObjectOutputStream;
import java.io.Serializable;
import java.util.ArrayList;
import java.util.List;

public class Student implements Serializable {
  private static final long serialVersionUID = 1L;
  private String name;
  private char gender;
  private int age;
  private double[] scores;

  public Student(String name, char gender, int age, double[] scores) {
    this.name = name;
    this.gender = gender;
    this.age = age;
    this.scores = scores;
  }
```

```
public String getName() {
    return name;
}

public void setName(String name) {
    this.name = name;
}

public char getGender() {
    return gender;
}

public void setGender(char gender) {
    this.gender = gender;
}

public int getAge() {
    return age;
}

public void setAge(int age) {
    this.age = age;
}

public double[] getScores() {
    return scores;
}

public void setScores(double[] scores) {
    this.scores = scores;
}

@Override
public String toString() {
    StringBuilder sb = new StringBuilder();
    sb.append(name + "\t" + gender + "\t" + age);
    for (int i = 0; i < scores.length; i++) {
        sb.append("\t" + scores[i]);
    }
```

```
        return sb.toString();
    }

    public static void main(String[] args) {
        List<Student> studentList = new ArrayList<Student>();

        studentList.add(new Student("李文慧", 'F', 19, new double[] { 89, 86, 69 }));
        studentList.add(new Student("谢天昊", 'M', 18, new double[] { 90, 83, 76 }));
        studentList.add(new Student("梁化祥", 'M', 20, new double[] { 78, 91, 80 }));

        try {
            FileOutputStream fos = new FileOutputStream("students.dat");
            ObjectOutputStream oos = new ObjectOutputStream(fos);
            oos.writeObject(studentList);
            oos.flush();
            oos.close();
        } catch (Exception e) {
            e.printStackTrace();
        }

        try {
            FileInputStream fis = new FileInputStream("students.dat");
            ObjectInputStream ois = new ObjectInputStream(fis);
            @SuppressWarnings("unchecked")
            List<Student> studentList2 = (List<Student>) ois.readObject();
            for (Student student: studentList2) {
                System.out.println(student);
            }
            ois.close();
        } catch (Exception e) {
            e.printStackTrace();
        }
    }
}
```

10.4.3　序列化对象注意事项与应用

1. 序列化对象注意事项

（1）对象的类名、属性都会被序列化，而方法、静态（static）属性、瞬态（transient）属性不会被序列化。

（2）虽然加 static 也能让某个属性不被序列化，但通常不这样使用。

（3）要序列化的对象的引用属性也必须是可序列化的，否则该对象不可序列化，除非以 transient 关键字修饰该属性使其不用序列化。

（4）反序列化对象时，必须有序列化对象生成的 class 文件（很多没有被序列化的数据需要从 class 文件获取）。

（5）当通过文件、网络来读取序列化后的对象时，必须按实际的写入顺序读取。

2. 序列化对象的应用

（1）网络中传输的是字节流数据，网络中对象的传输是指将对象的数据经过序列化后转换成字节流。

（2）将对象数据序列化到文件中，将对象数据转换成字节流存储到文件中，从文件中读取字节流数据并转换成对象称为对象的反序列化。

本章习题

1. 根据表 5-7 所示的专利文献信息，定义专利文献集合的文件表示格式，在第 6 章的 Corpus 类中添加适当的构造方法和保存到文件的方法，同时添加第 7 章和第 8 章的相应功能。

2. 为本书所涉及的专利文献案例添加序列化功能，使 Corpus 对象可以被序列化和反序列化。

附　　录

附录 A　JDK 的安装

（1）打开官网 https://www.oracle.com/，选择“产品→硬件和软件→Java”，如图 A-1 所示。

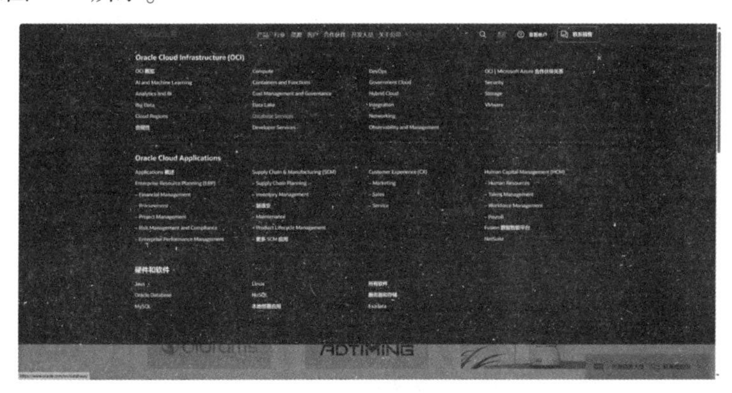

图 A-1　JDK 安装步骤一

（2）单击右上角的“下载 Java”，如图 A-2 所示。

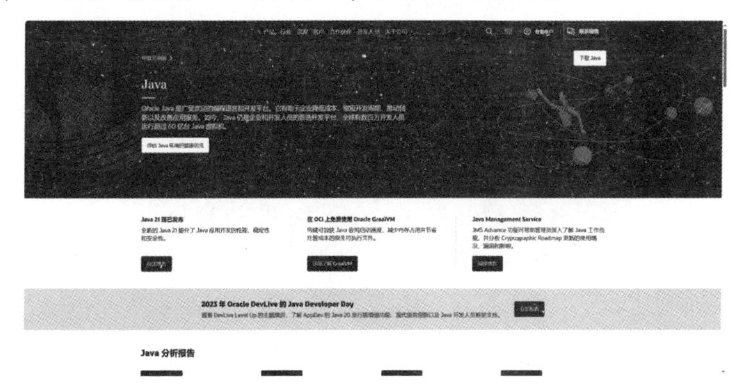

图 A-2　JDK 安装步骤二

（3）下拉网页，找到 Java 8 的对应版本（JDK8），选择操作系统（Windows），选择下载方式（×64 Installer），并根据提示注册 Oracle 账号下载，如图 A-3 所示。

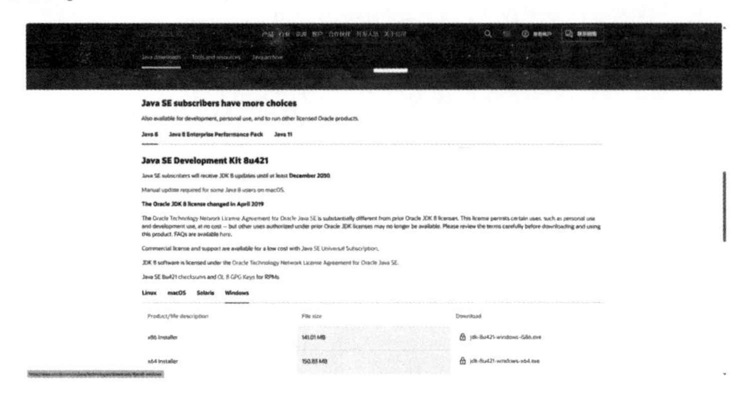

图 A-3　JDK 安装步骤三

（4）启动安装程序，根据习惯选择安装路径，如图 A-4 所示。

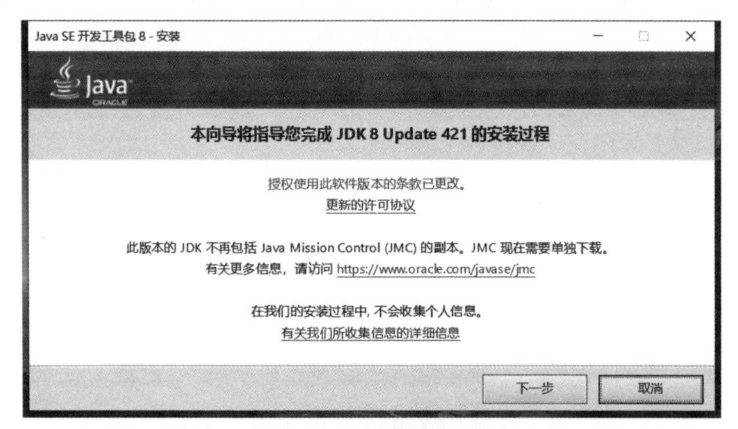

图 A-4　JDK 安装步骤四

（5）安装完成后单击“关闭”按钮，如图 A-5 所示。

图 A-5　JDK 安装步骤五

（6）打开“此电脑”，单击右键选择“属性”，在下拉列表中选择“高级系统设置→高级→环境变量”，如图 A-6 所示。

图 A-6　环境变量配置

（7）在“系统变量”区域单击“新建”按钮，变量名 JAVA_HOME，变量值为 JDK 的安装路径（假设安装路径为 C: \Program Files\Java\jdk-1.8），如图 A-7 所示。

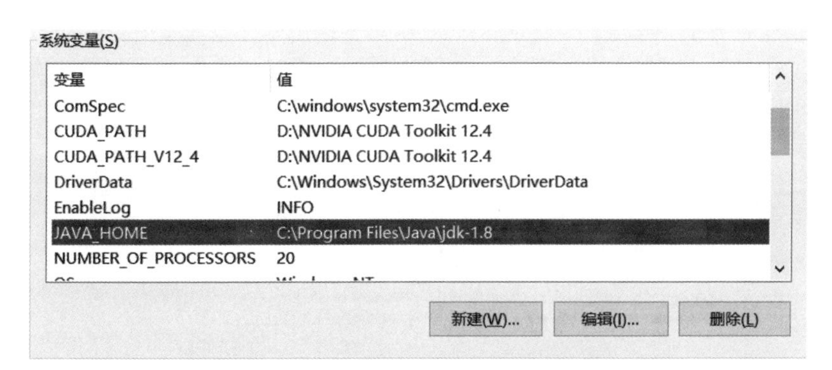

图 A-7　JAVA_HOME 环境变量配置

（8）新建变量名：CLASSPATH，变量值为“.;%JAVA_HOME%\lib\dt.jar;%JAVA_HOME%\lib\tools.jar”，如图 A-8 所示。

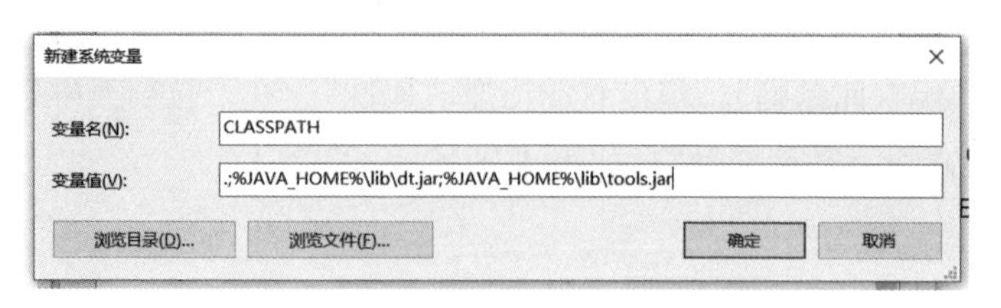

图 A-8　CLASSPATH 环境变量配置

（9）找到 Path 变量，双击打开，如图 A-9 和图 A-10 所示。

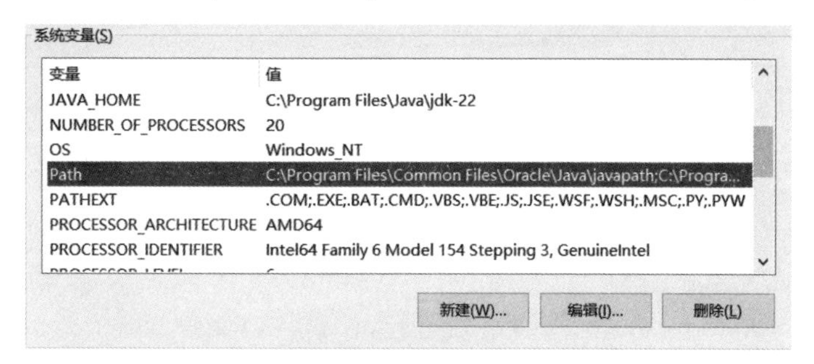

图 A-9　Path 环境变量配置一

图 A-10　Path 环境变量配置二

（10）单击“新建”按钮，变量值为“%JAVA_HOME%\bin”，然后单击“确定”按钮，如图 A-11 所示。

图 A-11　Path 环境变量配置三

（11）按下键盘上的 Win+R 键，打开运行，输入 cmd 指令，单击“确定”按钮进入命令行窗口。分别输入 java 和 javac，如果出现图 A-12 和图 A-13 所示的界面，则表示安装成功。

```
C:\Users\XUSHUO>java
用法: java [-options] class [args...]
           (执行类)
   或  java [-options] -jar jarfile [args...]
           (执行 jar 文件)
其中选项包括:
    -d32          使用 32 位数据模型 (如果可用)
    -d64          使用 64 位数据模型 (如果可用)
    -server       选择 "server" VM
                  默认 VM 是 server.

    -cp <目录和 zip/jar 文件的类搜索路径>
    -classpath <目录和 zip/jar 文件的类搜索路径>
                  用 ; 分隔的目录, JAR 档案
                  和 ZIP 档案列表, 用于搜索类文件。
    -D<名称>=<值>
                  设置系统属性
    -verbose:[class|gc|jni]
                  启用详细输出
    -version      输出产品版本并退出
    -version:<值>
                  警告: 此功能已过时, 将在
                  未来发行版中删除。
                  需要指定的版本才能运行
    -showversion  输出产品版本并继续
    -jre-restrict-search | -no-jre-restrict-search
                  警告: 此功能已过时, 将在
                  未来发行版中删除。
                  在版本搜索中包括/排除用户专用 JRE
    -? -help      输出此帮助消息
    -X            输出非标准选项的帮助
    -ea[:<packagename>...|:<classname>]
    -enableassertions[:<packagename>...|:<classname>]
                  按指定的粒度启用断言
    -da[:<packagename>...|:<classname>]
    -disableassertions[:<packagename>...|:<classname>]
                  禁用具有指定粒度的断言
    -esa | -enablesystemassertions
                  启用系统断言
    -dsa | -disablesystemassertions
                  禁用系统断言
    -agentlib:<libname>[=<选项>]
                  加载本机代理库 <libname>, 例如 -agentlib:hprof
                  另请参阅 -agentlib:jdwp=help 和 -agentlib:hprof=help
    -agentpath:<pathname>[=<选项>]
                  按完整路径名加载本机代理库
    -javaagent:<jarpath>[=<选项>]
                  加载 Java 编程语言代理, 请参阅 java.lang.instrument
```

图 A-12　java 命令运行界面

```
C:\Users\XUSHUO>javac
用法: javac <options> <source files>
其中, 可能的选项包括:
  -g                         生成所有调试信息
  -g:none                    不生成任何调试信息
  -g:{lines,vars,source}     只生成某些调试信息
  -nowarn                    不生成任何警告
  -verbose                   输出有关编译器正在执行的操作的消息
  -deprecation               输出使用已过时的 API 的源位置
  -classpath <路径>            指定查找用户类文件和注释处理程序的位置
  -cp <路径>                   指定查找用户类文件和注释处理程序的位置
  -sourcepath <路径>           指定查找输入源文件的位置
  -bootclasspath <路径>        覆盖引导类文件的位置
  -extdirs <目录>              覆盖所安装扩展的位置
  -endorseddirs <目录>         覆盖签名的标准路径的位置
  -proc:{none,only}          控制是否执行注释处理和/或编译。
  -processor <class1>[,<class2>,<class3>...] 要运行的注释处理程序的名称; 绕过默认的搜索进程
  -processorpath <路径>        指定查找注释处理程序的位置
  -parameters                生成元数据以用于方法参数的反射
  -d <目录>                    指定放置生成的类文件的位置
  -s <目录>                    指定放置生成的源文件的位置
  -h <目录>                    指定放置生成的本机标头文件的位置
  -implicit:{none,class}     指定是否为隐式引用文件生成类文件
  -encoding <编码>             指定源文件使用的字符编码
  -source <发行版>              提供与指定发行版的源兼容性
  -target <发行版>              生成特定 VM 版本的类文件
  -profile <配置文件>            请确保使用的 API 在指定的配置文件中可用
  -version                   版本信息
  -help                      输出标准选项的提要
  -A关键字[=值]                  传递给注释处理程序的选项
  -X                         输出非标准选项的提要
  -J<标记>                     直接将 <标记> 传递给运行时系统
  -Werror                    出现警告时终止编译
  @<文件名>                     从文件读取选项和文件名
```

图 A-13　javac 命令运行界面

附录 B　Eclipse 的安装

（1）打开网址 https://www.eclipseorg/downloads/，选择 Download ×86_64，单击“Download Packages”，如图 B-1 所示。

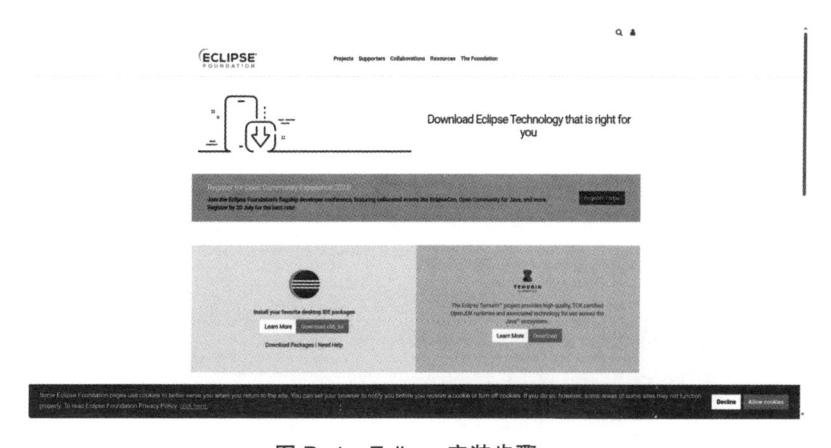

图 B-1　Eclipse 安装步骤一

（2）选择需要下载的版本，根据系统单击下载链接，如图 B-2 所示。

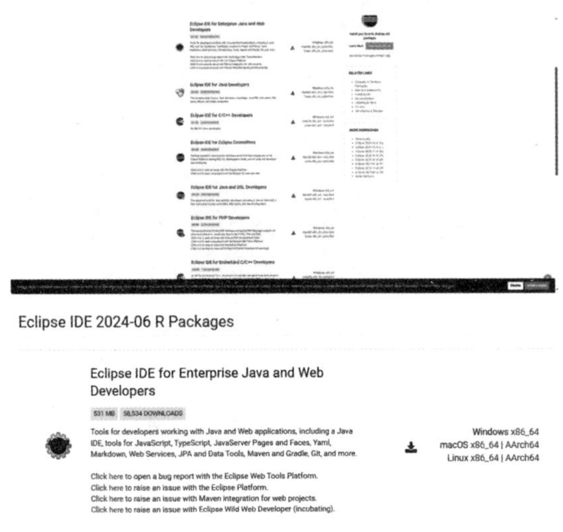

图 B-2　Eclipse 安装步骤二

（3）单击“Download”按钮，如图 B-3 所示。

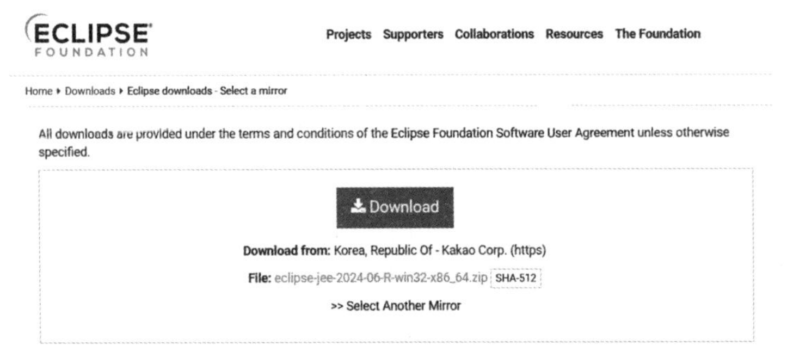

图 B-3　Eclipse 安装步骤三

（4）将下载好的安装包解压至合适的位置，假设将其解压至 D 盘，如图 B-4 所示。

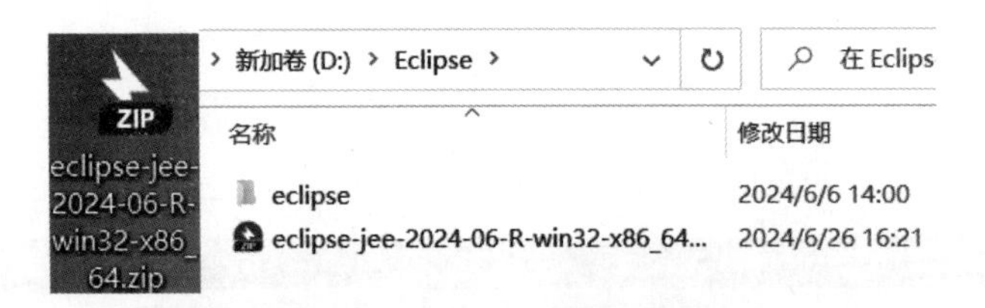

图 B-4　Eclipse 安装步骤四

（5）打开 eclipse. exe 文件，如图 B-5 所示。

configuration	2024/6/6 13:54
dropins	2024/6/6 13:54
features	2024/6/6 13:54
p2	2024/6/6 13:53
plugins	2024/6/6 13:54
readme	2024/6/6 13:54
.eclipseproduct	2024/6/1 10:21
artifacts.xml	2024/6/6 13:54
eclipse.exe	2024/6/6 14:00
eclipse.ini	2024/6/6 13:54
eclipsec.exe	2024/6/6 14:00

图 B-5　Eclipse 安装步骤五

（6）Eclipse 第一次启动时会要求用户选择一个工作空间（之后在 Eclipse 中创建的项目都将自动创建在用户选择的文件夹中，尽量不要勾选下方的“Use this as the default and do not ask again”复选框，避免之后因为想要改变工作空间所处的文件夹而浪费一些时间），工作空间所处的位置最好不要在 C 盘，以免浪费 C 盘空间（若 C 盘不是系统盘，也可设置为 C 盘），这里将工作空间设置在了 D 盘，如图 B-6 所示。

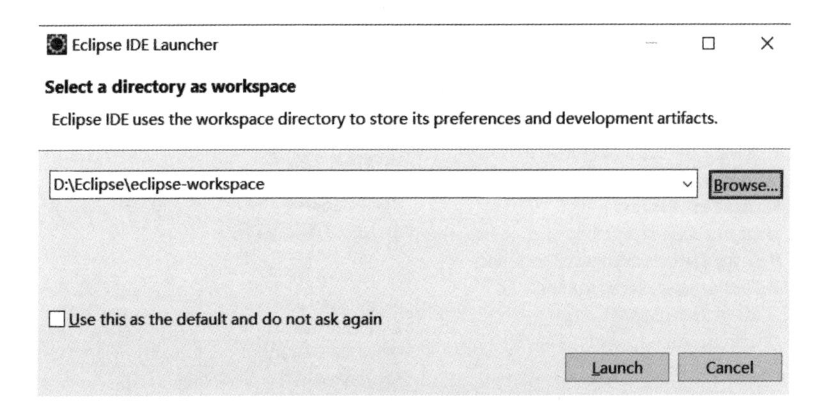

图 B-6　Eclipse 安装步骤六

（7）安装完毕，关闭 Welcome 界面即可，如图 B-7 所示。

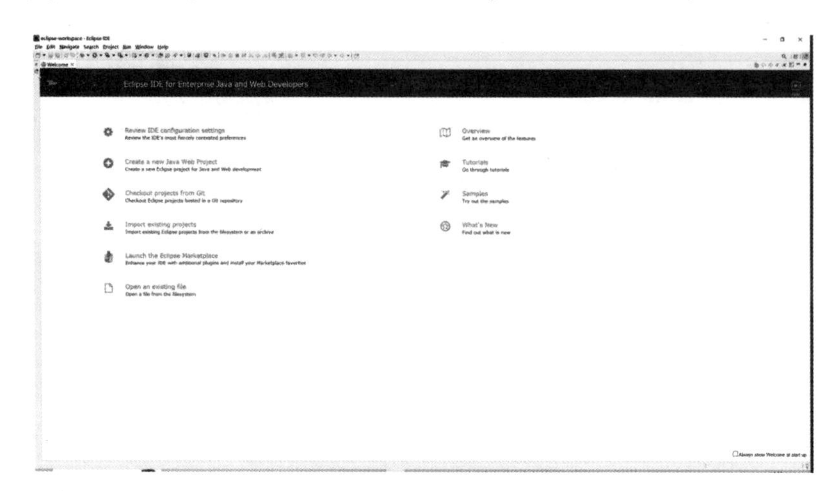

图 B-7　Eclipse 安装步骤七

附录 C　WindowBuilder 的安装

（1）打开 Eclipse 软件，单击“Help→Eclipse MarketPlace...”，如图 C-1 所示。

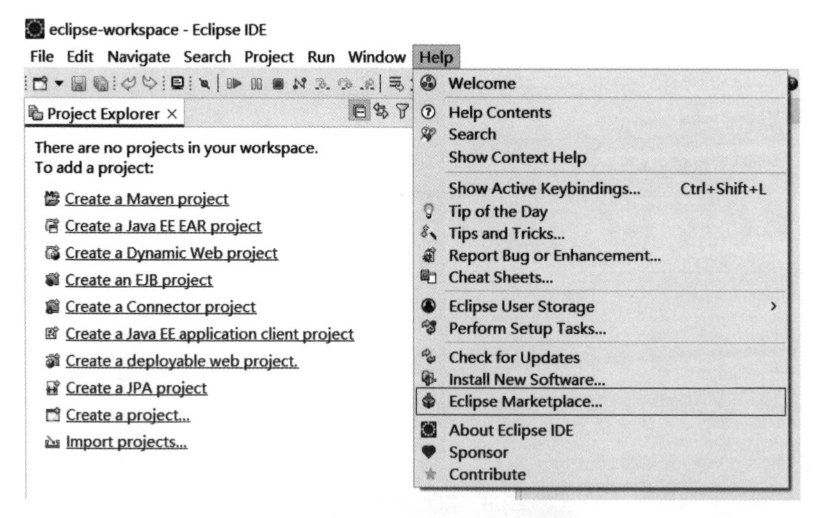

图 C-1　WindowBuilder 安装步骤一

（2）在 Find 栏输入 WindowBuilder，单击“Go”搜索，然后单击“Install”按钮，如图 C-2 所示。

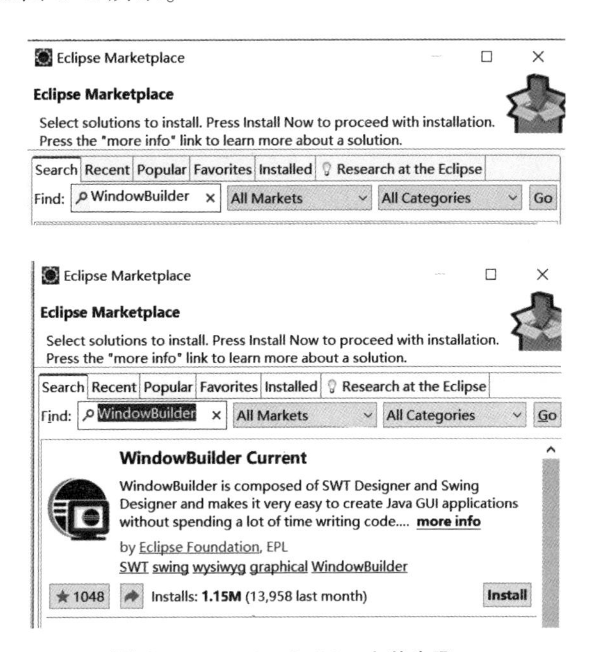

图 C-2　WindowBuilder 安装步骤二

（3）等待，然后单击“Confirm”按钮，如图 C-3 所示。

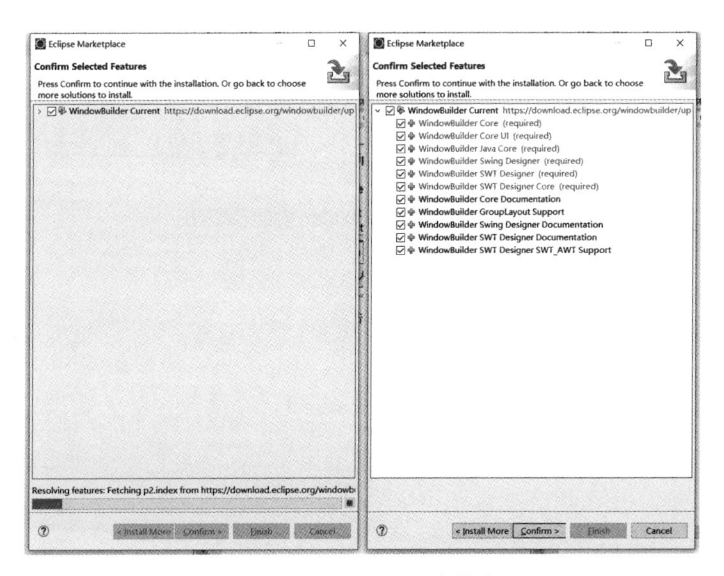

图 C-3　WindowBuilder 安装步骤三

（4）单击“Finish”按钮，如图 C-4 所示。

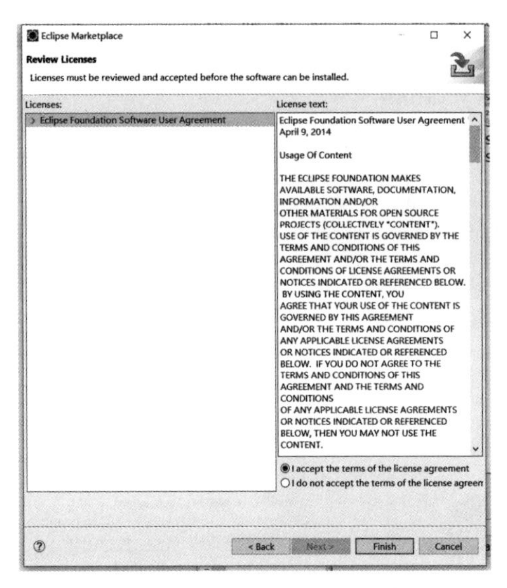

图 C-4　WindowBuilder 安装步骤四

（5）等待，安装完成后提示重启，如图 C-5 所示。

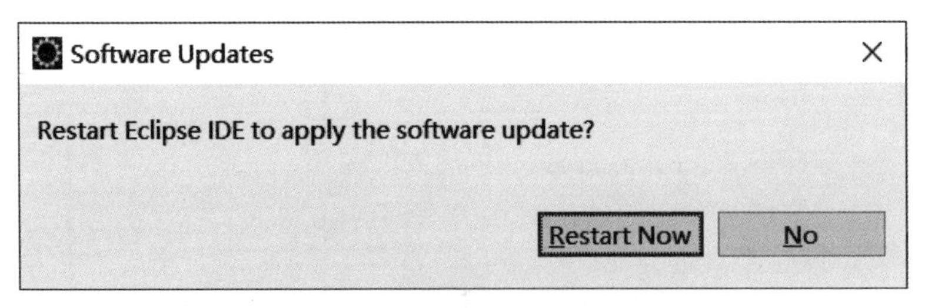

图 C-5　WindowBuilder 安装步骤五